普通高等院校创新创业教育系列丛书

创新发明与专利申请

侯振华　邹仲平　主　编
董　颖　毕研俊　刘　霞　副主编

清华大学出版社
北　京

内 容 简 介

本书紧跟新时代大学生创新需求，结合科技前沿与专利实际，旨在为大学生提供创新发明与专利申请的全面指导。全书共七章，涵盖创新意识的内涵与培养、创新发明的理论与实践、专利类型与申请实务、专利的构思与实现、专利撰写实战指南、科研思维的形成与运用以及专利挖掘与成果转化等方面的内容。书中深入剖析了创新意识内涵与培养路径，系统讲解了创新发明概念、流程与关键要素，详细介绍了专利类型、申请要点及费用，指导大学生将创意转化为符合申请专利的技术方案，并通过案例来提升专利撰写能力。

本书内容丰富，结构清晰，语言简练，图文并茂，具有很强的实用性和可操作性，是一本适合于高等院校创新创业教育课程的理想教材，也可为广大青年在创新发明与专利申请方面提供有益参考。

本书封面贴有清华大学出版社防伪标签，无标签者不得销售。
版权所有，侵权必究。举报：010-62782989，beiqinquan@tup.tsinghua.edu.cn。

图书在版编目(CIP)数据

创新发明与专利申请 / 侯振华，邹仲平主编.
北京：清华大学出版社，2025.6. -- (普通高等院校创新创业教育系列丛书). -- ISBN 978-7-302-69327-7
I. N19；G306.3
中国国家版本馆 CIP 数据核字第 2025MB7726 号

责任编辑：王　定
封面设计：周晓亮
版式设计：恒复文化
责任校对：成凤进
责任印制：沈　露

出版发行：清华大学出版社
　　　　网　　址：https://www.tup.com.cn，https://www.wqxuetang.com
　　　　地　　址：北京清华大学学研大厦 A 座　　邮　　编：100084
　　　　社 总 机：010-83470000　　　　　　　　邮　　购：010-62786544
　　　　投稿与读者服务：010-62776969，c-service@tup.tsinghua.edu.cn
　　　　质 量 反 馈：010-62772015，zhiliang@tup.tsinghua.edu.cn
印 装 者：涿州汇美亿浓印刷有限公司
经　　销：全国新华书店
开　　本：185mm×260mm　　　印　张：11　　　字　数：196 千字
版　　次：2025 年 7 月第 1 版　　印　次：2025 年 7 月第 1 次印刷
定　　价：58.00 元

产品编号：089050-01

普通高等院校创新创业教育规划教材
山东高校就业创业研究院丛书编委会

丛 书 主 编：吴　彬
丛书副主编：孙官耀　张兆强　冯兰东
丛 书 编 委：李爱华　赵凌云　陶　亮　贾德芳

本书编委会

主　　编：侯振华　邹仲平
副 主 编：董　颖　毕研俊　刘　霞
编　　委：陶　亮　唐　琳　徐艳芳　丛东升　孙玉冰

前　言

当今世界，科技发展日新月异，创新发明已经成为推动经济社会发展的重要力量。党的二十大报告中强调了创新在实现中华民族伟大复兴中国梦中的重要作用，指出创新是引领发展的第一动力。专利申请作为保护创新成果和鼓励创新的重要手段，对于发明人而言具有重要意义。在这样的背景下，越来越多的大学生积极参与创新发明活动，并希望通过专利申请来保护自己的创新成果。

本书是由山东高校就业创业研究院(山东建筑大学)、山东建筑大学创业学院组织编写的普通高等院校创新创业教育规划教材。本书旨在系统介绍创新发明与专利申请的相关知识和技巧，帮助读者深入了解创新发明的重要性、专利保护的作用和专利申请的流程。通过本书的学习，读者可以掌握创新发明的核心要素、专利申请的基本流程和专利保护的实际操作技巧，从而更好地应对创新发明和专利申请过程中的挑战和机遇。

本书具体内容框架如下。

- 创新意识的内涵与培养：介绍创新意识的定义与内涵、价值和培养路径等。
- 创新发明的理论与实践：介绍创新发明的概念与分类、基本流程、关键要素等。
- 专利类型与申请实务：介绍专利的类型与特点、专利申请注意事项、专利的主要用途、专利申请的相关费用等。
- 专利的构思与实现：介绍创意的来源、如何进行创新性检索、专利请求书填写指南等。
- 专利撰写实战指南：介绍专利撰写前的准备工作，以案例分析的形式讲解发明专利、实用新型专利、外观设计专利撰写指南。
- 科研思维的形成与运用：介绍科研思维萌发的基本条件，讲解科学选题、立项、研究等方法，以及专利受理、专利答辩和专利转化等方面的注意要点。

- **专利挖掘与成果转化**：介绍专利布局与企业成长的关系，讲解专利转化机制与实践案例，分析专利对个人、企业、社会的重要意义。

在编写过程中，笔者充分考虑了大学生的特点和需求，力求语言简明易懂且内容实用生动。希望本书能够成为大学生创新发明和专利申请的指南，帮助他们在创新的道路上取得更大的成功。同时，也希望本书能够为推动我国创新驱动发展战略的实施贡献一份力量。

本书是多年从事学生创新创业教育和指导工作的高校教师集体智慧的结晶，主要编写人有侯振华、邹仲平、董颖、毕研俊和刘霞。其中，董颖负责第一章和第二章的编撰，毕研俊负责第三章的编撰，刘霞负责第四章和第五章的编撰，邹仲平负责第六章和第七章的编撰，全书由侯振华和邹仲平负责统稿。陶亮、唐琳、徐艳芳、丛东升、孙玉冰等老师在编写过程中，也为本书做了大量工作。

鉴于时代的快速发展以及作者水平所限，本书难免存在不足与纰漏之处，敬请广大读者批评指正。

本书提供教学课件和习题参考答案，读者可扫下列二维码进行下载。

教学课件　　　　　　习题参考答案

编者

2025 年 3 月

目　录

第一章　创新意识的内涵与培养 ... 1
第一节　创新意识的定义与内涵 ... 1
一、创新意识的定义 ... 1
二、创新意识的内涵 ... 3
三、创新意识的基本特征 ... 5
第二节　创新意识的价值 ... 6
一、个人成长与价值实现 ... 7
二、社会进步与发展动力 ... 7
三、国家竞争力与战略安全 ... 8
四、培养大学生创新意识的重要意义 ... 9
第三节　创新意识的培养路径 ... 11
一、个人层面的培养策略 ... 11
二、高校层面的实践方法 ... 13
三、社会层面的支持措施 ... 15
复习思考题 ... 16

第二章　创新发明的理论与实践 ... 17
第一节　创新发明的概念与分类 ... 17
一、创新发明的核心概念 ... 17
二、创新发明的分类体系 ... 19
三、创新发明的影响与意义 ... 21

第二节 创新发明的基本流程 23
一、创意萌芽与问题识别 23
二、创新发明的研究与开发 25
三、市场应用与推广 28

第三节 创新发明的关键要素 30
一、创新思维的培养与激发 30
二、技术实现与资源整合 34

复习思考题 39

第三章 专利类型与申请实务 41
第一节 专利的类型与特点 41
一、发明专利 41
二、实用新型专利 44
三、外观设计专利 48

第二节 专利申请注意事项 50
一、申请专利的相关注意事项 50
二、专利不能被授权的几种情况 51
三、什么样的专利很难获得授权 56

第三节 专利的主要用途 58
一、职务发明的作用 58
二、学生申请专利的用途 64

第四节 专利申请的相关费用 65
一、发明专利的费用计算 65
二、实用新型专利的费用计算 67
三、外观设计专利的费用计算 68

复习思考题 69

第四章 专利的构思与实现 71
第一节 创意的来源 71
一、创意来源于科学研究 72
二、创意来源于生活 73

三、创意来源于生产实践 ··· 77

第二节　如何进行创新性检索 ··· 78
　　　一、创新性检索的基础方法 ··· 79
　　　二、创新性检索的高级技巧 ··· 81
　　　三、创新性检索常用的搜索引擎 ··· 83

第三节　专利请求书填写指南 ··· 84
　　　一、外观设计专利填写指南 ··· 85
　　　二、实用新型专利填写指南 ··· 88
　　　三、发明专利填写指南 ·· 89

复习思考题 ·· 91

第五章　专利撰写实战指南 ·· 93

第一节　撰写前的准备工作 ·· 93
　　　一、技术挖掘与分析 ·· 94
　　　二、权利要求布局 ·· 95
　　　三、文档准备 ··· 98

第二节　实战案例分析一：发明专利撰写 ··· 99
　　　一、案例背景 ··· 99
　　　二、撰写过程拆解 ··· 100
　　　三、审查意见应对 ·· 107

第三节　实战案例分析二：实用新型与外观设计专利撰写 ························· 109
　　　一、实用新型专利撰写实战 ··· 109
　　　二、外观设计专利撰写实战 ··· 113

复习思考题 ··· 116

第六章　科研思维的形成与运用 ··· 117

第一节　科研思维的萌发 ··· 117
　　　一、成体系的思考——科学思维 ··· 117
　　　二、必要条件——应具备的科研素养 ·· 118
　　　三、探索未知的开始——科研选题 ··· 122
　　　四、科研立项的步骤 ··· 125

五、桥和船的关系——科研方法 ………………………………………………… 131
　　六、科研成果 ………………………………………………………………………… 135
第二节　科研思维的运用 …………………………………………………………… 136
　　一、有效力的"专利已受理" …………………………………………………… 136
　　二、不可避免的专利答辩 ………………………………………………………… 138
　　三、专利转化 ……………………………………………………………………… 141
复习思考题 …………………………………………………………………………… 143

第七章　专利挖掘与成果转化 ……………………………………………………… 145
第一节　专利布局与企业成长 ……………………………………………………… 145
　　一、专利布局的含义与重要性 …………………………………………………… 145
　　二、专利布局的策略要素 ………………………………………………………… 147
　　三、领先企业的专利布局案例分析 ……………………………………………… 148
第二节　专利转化机制与实践案例 ………………………………………………… 152
　　一、专利转化的内涵与流程 ……………………………………………………… 152
　　二、专利转化的挑战与机遇 ……………………………………………………… 153
　　三、专利转化的实践案例 ………………………………………………………… 154
　　四、国家层面的专利转化行动方案 ……………………………………………… 156
第三节　专利的意义分析 …………………………………………………………… 156
　　一、专利作为个人创新能力的认证 ……………………………………………… 157
　　二、专利在社会积分与福利政策中的作用 ……………………………………… 158
　　三、专利对企业市场竞争力的增强 ……………………………………………… 158
复习思考题 …………………………………………………………………………… 159

参考文献 ……………………………………………………………………………… 161

附录 …………………………………………………………………………………… 165

第一章
创新意识的内涵与培养

在日新月异的时代洪流中,创新已成为推动社会进步和促进经济发展的核心动力。无论是国家层面的战略布局,还是企业竞争力的提升,乃至个人职业生涯的拓展,都离不开创新意识的滋养与驱动。创新意识作为人类智慧与创造力的火花,不仅照亮了未知的探索之路,更为我们应对复杂多变的挑战提供了宝贵的思维武器。然而,创新意识的培育并非一蹴而就,它需要深厚的文化底蕴、广泛的知识积累、敏锐的观察力,以及勇于尝试的精神作为支撑。在这个过程中,教育体系的引导、社会环境的熏陶,以及个体自身的努力都扮演着不可或缺的角色。因此,深入探讨创新意识的培养机制,不仅是对当前教育改革迫切需求的回应,更是对未来社会可持续发展的深远布局。

第一节 创新意识的定义与内涵

在探索创新之路的起点,首先需要明确一个核心概念——创新意识。创新意识是创新活动的内在驱动力和灵魂,深刻理解其定义与内涵对于我们把握创新规律和激发创新潜能具有至关重要的意义。

一、创新意识的定义

在人类认知行为中,创新意识起着关键作用,它既是一种丰富且具有价值的表达方式,也是驱动个体创新行为的原动力,可以将其视为促使我们进行创造性活动的起点与驱动力。

(一) 基本定义

创新意识这一概念源于人们对社会与个体发展的需求，它是推动我们超越现有认知范畴，创造新思想和实践的原动力。其涵盖的不同层面，如意图、愿景和设想的呈现，构成了我们发挥创造精神的必备条件。创新的本质在于挑战旧有的知识体系，追求更高质量的生活，这使其成为驱动人类社会和个人发展的关键因素。因此，创新意识不仅是人类智慧的结晶，还是推动社会进步的重要力量。

创新意识包含人们对创新的认识和态度，是主体在从事创新活动中的内在动力与出发点。马克思主义认为："任何一种不是天然存在的物质财富要素，总是必须通过某种专门的、使特殊的自然物质适合于特殊的人类需要的，有目的的生产活动创造出来。"意识是人脑对客观世界的主观反映，它将人的知、情、意三者相统一，构成一个复杂的系统。创新意识作为一种社会意识，是创新主体由对创新的感性认知发展成为自觉地设定创新目标，发挥意志的正向作用，克服在创新过程中遇到的种种困难、挫折与失败，有效地调节自己的行为，最终实现创新目标的心理过程。

心理学认为，创新意识是指思维不仅能揭示客观事物的本质及内在联系，而且能在此基础上产生新颖的、具有社会价值的和前所未有的思维成果。创新意识的培养和开发是培养创造型人才的起点，只有注重激发人的创新意识，才能为培养创新型人才打下良好基础，迈出创新创业的第一步，如图1-1所示。

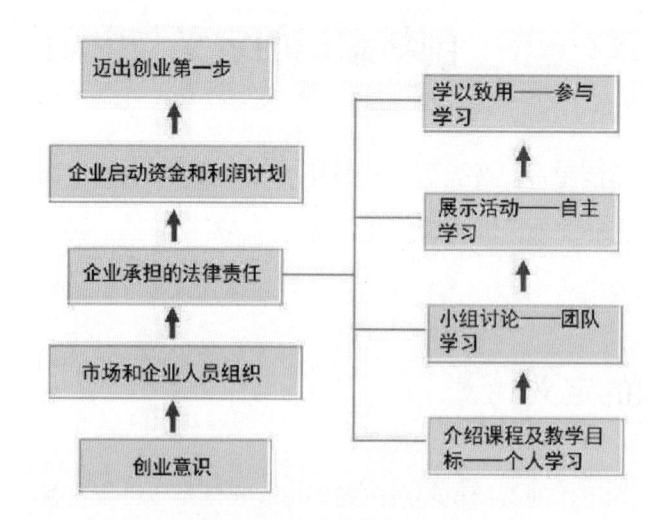

图1-1 创新意识的起点效应

(二) 构成要素

创新意识主要由以下几个要素构成。

(1) 创造动机。创造动机是创造活动的动力因素,它能推动和激励人们发动和维持创造性活动。它源于人们对社会进步和个人发展的渴望,以及对未知世界的探索欲。

(2) 创造兴趣。创造兴趣能促进创造活动的成功,是促使人们积极探求新奇事物的一种心理倾向。它使人们在面对挑战和困难时保持持久的热情和动力。

(3) 创造情感。创造情感是引起、推进乃至完成创造的心理因素。只有具有正确的创造情感,才能使创造成功。它包括对创造活动的热爱、对成果的期待以及对失败的宽容和反思。

(4) 创造意志。创造意志是在创造的过程中克服困难和冲破阻碍的心理因素。创造意志具有目的性、顽强性和自制性。它使人们在面对挫折和失败时能够坚持不懈地追求目标。

二、创新意识的内涵

在深入探讨创新意识的内涵时,可以发现这一概念跨越了认知、情感与行为三个维度,共同构建了一个复杂而精妙的心理与社会现象。这一过程不仅体现了个人潜能的极致发挥,更为社会的进步与发展注入了源源不断的活力。因此,深入剖析创新意识的内涵,对理解创新机制和激发创新活力具有重要意义。

(一) 认知层面

(1) 感性认知到理性认知:创新意识的萌芽往往始于对创新的感性认知,即对新颖事物或观念的初步感知和兴趣。随着个体对创新活动的深入参与和思考,这种感性认知逐渐转化为理性认知。理性认知不仅包含对创新本质、过程及结果的深刻理解,还涉及对创新所需知识、技能及资源的系统分析。这一转化过程促进了创新意识从模糊到清晰、从零散到系统的发展,为后续的创新实践奠定了坚实的认知基础。

(2) 知识与态度:创新意识中蕴含着对创新的深刻认识和积极态度。这种认识不仅包括对创新概念、原理及方法的掌握,还涉及对创新价值、意义及可能性的深刻理解。同时,创新意识还表现为一种开放、包容、勇于探索的积极态度,这种态度鼓励个体不断挑战自我并超越常规，以更加开放的心态去接纳新事物和新观念。

(3) 创造性思维：创新意识是创造性思维的重要源泉。它促使个体在认知过程中突破传统框架的束缚，运用联想、想象、类比等思维方式，产生新颖独特的想法和见解。同时，创新意识还鼓励个体在思维过程中保持灵活性、变通性和批判性，并以更加灵活多样的方式去解决问题和创造新事物。

(二) 情感层面

(1) 兴趣与动机：创新意识能够激发人们对创新活动的浓厚兴趣和强烈动机。这种兴趣和动机源于对未知世界的好奇心和探索欲，以及对创新成果所带来的成就感和社会价值的渴望。它们共同构成了推动个体持续投入创新活动的强大动力。

(2) 意志与毅力：在创新过程中，难免会遇到各种困难和挫折。此时，创新意识中的坚强意志和坚定毅力便显得尤为重要。它们帮助个体在逆境中保持冷静，坚定信念，勇于面对挑战，克服困难，并不断向创新目标迈进。

(3) 情感调节：创新意识还具备情感调节的功能。它能够帮助个体在创新过程中有效调节自己的情绪状态，保持积极和乐观的心态。当遇到挫折或失败时，创新意识能够引导个体从失败中汲取教训并总结经验，以更加饱满的热情和信心投入到下一次的创新尝试中。

(三) 行为层面

(1) 目标设定：创新意识能够引导个体自觉地设定创新目标。这些目标不仅具有明确性、可衡量性和可达成性，还体现了对创新价值的追求和对社会需求的回应。创新目标的设定有助于个体明确创新方向，凝聚创新力量，为后续的创新实践提供有力指导。

(2) 行为调节：在创新过程中，创新意识能够促使个体根据创新目标和实际情况有效调节自己的行为。这种调节包括时间管理、资源分配、策略调整等方面，旨在确保创新活动的顺利进行和创新目标的顺利实现。

(3) 成果输出：最终，创新意识会促进新颖且具有社会价值的思维成果的产生。这些成果包括新产品、新技术、新服务或新理论等，它们不仅体现了个体的创新能力和智慧结晶，还为社会进步和发展做出了积极贡献。通过成果的输出和分享，个体不仅能够获得物质上的回报和精神上的满足，还能够进一步激发更多人的创新意识和创新热情。

三、创新意识的基本特征

创新意识作为驱动社会进步和个人成长的关键力量，其内涵丰富且特征鲜明。以下将从新颖性、社会历史性，以及持续性三个方面，深入探讨创新意识的基本特征。

(一) 新颖性

(1) 独特性与创造性：创新意识的核心在于"新"，它要求打破陈规，超越既有框架，追求前所未有的独特性和创造性。这种新颖性不仅体现在思想观念的革新上，更在于能够提出新的解决方案，创造新的价值。创新意识鼓励个体勇于探索未知领域，敢于挑战传统观念，从而在不断试错与突破中推动社会向前发展。

(2) 社会需求满足：创新意识不仅追求理论上的新颖，更强调实践中的价值创造。它要求创新活动必须紧密结合社会需求，通过新的方式、方法或产品来满足人民日益增长的美好生活需要。这种满足社会需求的能力，使得创新意识成为推动社会进步的重要动力，促进了经济、文化、科技等领域的繁荣发展。

(3) 推动力量：创新意识作为一股强大的推动力，不仅激发了个人潜能的释放，更促进了整个社会的变革与进步。它鼓励人们不断挑战自我，勇于探索未知，从而在实践中创造出更多的价值。这种推动力量不仅体现在技术创新、产业升级等宏观层面，也深入渗透到教育、文化、管理等社会领域，成为推动社会全面发展的重要因素。

(二) 社会历史性

(1) 条件制约：创新意识的形成和发展并非孤立存在，而是深受具体社会历史条件的制约。不同的社会生产力水平、文化传统、价值观念等因素都会对创新意识产生深远的影响。因此，在不同的历史阶段和社会背景下，创新意识的表现形式和侧重点也会有所不同。这种条件制约性要求我们在培养和发展创新意识时，必须充分考虑社会历史条件的实际情况，因地制宜并因时制宜地制定相应的策略和措施。

(2) 时代特征：随着时代的变迁和社会的发展，创新意识也呈现出鲜明的时代特征。如今，创新意识更加注重与信息技术的融合，强调跨界合作、协同创新等新型创新模式。同时，随着全球化进程的加速和可持续发展理念的深入人心，创新意识也更加注重环境保护、社会责任等方面的考量。这些时代特征反映了当前社会对创新意识的新要求和新期待。

(3) 演进趋势：创新意识作为一个动态发展的过程，其演进趋势也随着社会历史条件的变化而不断演变。未来，随着科技的持续进步和社会的不断发展，创新意识将更加注重人性化、智能化、绿色化等方面的创新。同时，随着全球化和信息化的深入发展，国际合作与交流将成为推动创新意识发展的重要途径。这种演进趋势要求我们必须保持敏锐的洞察力和开放的心态，积极适应时代变化带来的需求和挑战。

(三) 持续性

(1) 不断追求：创新意识是一种持续追求新事物的精神状态。它要求个体始终保持对未知世界的好奇心和探索欲，不断寻求新的知识、技能和方法来提升自己的创新能力。这种不断追求的精神状态使得创新意识成为推动个人成长和社会进步的不竭动力。

(2) 克服困难：在创新过程中，难免会遇到各种困难和挫折。然而，创新意识能够激励个体在困境中坚持不懈，勇往直前。它鼓励人们勇于面对挑战，积极寻求解决方案，从而在不断克服困难的过程中实现自我超越和成长。

(3) 终身发展：创新意识是个人终身发展的重要组成部分。它要求个体在整个生命周期中都要保持对创新的热情和追求，通过不断学习新的知识和技能，并加以实践，来提升自己的创新能力。这种终身发展的理念使得创新意识成为推动个人持续成长和进步的关键因素。同时，它还要求社会为个体提供多样化的学习资源和创新平台，以支持个体的创新实践和发展需求。

第二节　创新意识的价值

在日新月异的时代背景下，创新意识的价值日益凸显，它不仅是个人成长与价值实现的催化剂，更是社会进步与国家发展的核心驱动力。从个人层面来看，创新意识能够激发个人的内在潜能，塑造独特竞争力，促进心理健康与幸福感；从社会层面来看，创新意识推动着产业升级与转型，增进了社会福祉与和谐，引领了文化繁荣与文明进步。从国家层面来看，创新意识更是提升科技实力、增强国际竞争力、维护战略安全的关键所在。因此，深入探讨创新意识的价值，对促进个人全面发展、推动社会和谐进步、保障国家安全稳定具有深远的意义。

一、个人成长与价值实现

在人生的旅途中，创新意识如同一盏明灯，照亮我们前行的道路，引领我们不断探索未知，实现自我超越与价值实现。这一过程不仅丰富了我们的内心世界，更为个人成长注入了源源不断的动力。

(1) 激发潜能与自我超越。每个人的内心深处都蕴藏着无尽的潜能，而创新意识正是那把开启潜能之门的钥匙。它促使我们跳出舒适区，勇敢地面对自己的不足与局限，进而深入挖掘那些未被发掘的潜力。在这个过程中，我们学会了自我挑战，不再畏惧失败与挫折，而是将它们视为成长的垫脚石。每一次的创新尝试都是对自我边界的拓宽，是对自我能力的一次次验证与提升。因此，创新意识是我们持续成长和进步的重要驱动力，激励我们在人生的道路上不断前行。

(2) 塑造独特竞争力。在竞争日益激烈的现代社会中，拥有独特的竞争力显得尤为重要。而创新意识正是我们塑造差异化优势、展现个人独特能力和价值的关键所在。通过创新实践，我们能够打破常规，提出新颖的观点和解决方案，从而在众多竞争者中脱颖而出。这种创新能力不仅让我们在职场上更加引人注目，也为我们赢得了更多的机会和资源。同时，它也是我们个人品牌的重要组成部分，让我们的价值得到更加充分的体现和认可。

(3) 促进心理健康与幸福感。创新意识不仅关乎我们的职业发展，更深刻地影响着我们的心理健康与幸福感。当通过创新努力取得成果时，那份由内而外的成就感会极大地增强我们的自信心和自尊心。这种正面的情绪反馈会激励我们更加积极地投入到新的创新活动中，形成良性循环。此外，实现创新目标的过程本身就是一种心灵的洗礼和满足。它让我们感受到自我价值的实现和生命的意义所在，从而获得内心的满足和愉悦。更重要的是，创新意识还赋予了我们应对生活和工作压力的能力。它教会我们如何以更加灵活和创造性的方式去解决问题，从而减轻压力带来的负面影响，提升心理韧性。

二、社会进步与发展动力

创新意识不仅是个人成长的催化剂，更是推动社会进步与发展的重要动力。它以其独特的力量，引领产业升级、增进社会福祉、促进文化繁荣，为社会的全面发展注入无限活力。

(1) 推动产业升级与转型。在快速变化的全球经济格局中，创新意识成为引领技术革新和产业升级的关键因素。它不断推动科技前沿的探索，催生出一批批新技术、新产业、新业态，为经济发展注入新的活力。通过技术创新，传统产业得以改造升级，焕发新的生机；新兴产业则如雨后春笋般涌现，成为经济增长的新亮点。同时，创新意识还促使我们不断探索新的发展模式，优化产业结构，提升经济质量和效益。在这个过程中，创新成为经济增长的新动力和新引擎，推动着社会经济的持续健康发展。

(2) 增进社会福祉与和谐。创新意识在增进社会福祉与构建和谐社会中发挥着重要作用。面对复杂多变的社会问题，我们不再满足于传统的解决方案，而是积极寻求创新手段，以更加高效和更加人性化的方式解决问题。通过科技创新、管理创新等手段，我们能够有效缓解社会矛盾，提升公共服务质量和效率，满足人民群众日益增长的多元化需求。同时，创新意识还促进了社会公平正义的实现，增强了社会凝聚力。它鼓励人们积极参与社会建设，共同创造更加美好的生活环境，为社会的和谐稳定奠定了坚实基础。

(3) 引领文化繁荣与文明进步。文化是一个民族的灵魂，是社会发展的重要支撑。创新意识在推动文化繁荣与文明进步中同样扮演着重要角色。它促使我们不断审视和反思传统文化，勇于突破陈规陋习，推动文化内容和形式的创新。在传承中创新，在创新中发展，我们不断丰富文化内涵，提升文化软实力。同时，创新意识还促进了不同文明之间的交流互鉴。通过文化交流与合作，我们能够增进相互理解和尊重，推动人类文明的共同进步。在这个过程中，创新意识成为连接不同文化与文明的桥梁和纽带，为构建人类命运共同体贡献了重要力量。

三、国家竞争力与战略安全

随着全球化日益加深，国家的竞争力与战略安全已经成为国家发展的核心议题。而创新意识作为推动国家前进的不竭动力，对提升国家科技实力、增强国际竞争力以及维护国家战略安全具有不可估量的价值。

(1) 提升国家科技实力。科研创新是国家科技实力的核心体现，而创新意识则是其不竭的源泉。只有具备强烈的创新意识，才能在科研道路上不断探索未知，勇于攀登科技高峰。这不仅能够推动基础研究的深入发展，还能在关键领域实现核心技术的自主可控，摆脱对外部技术的依赖。同时，加速科技成果向现实生产力的转化，也是提升国家科技实力的关键一环。通过不断创新，我们能够将科研成果迅速转化为经济效益和社会效益，为国家的持续发展提供强大动力。

(2) 增强国际竞争力。在全球化的背景下，国际市场的竞争日益激烈，而创新意识则是帮助国家在国际舞台上脱颖而出的重要法宝。通过创新产品和服务，我们能够开拓新的市场空间，满足国际消费者的多元化需求，从而在国际市场上占据有利地位。此外，加强与其他国家的创新合作，共同应对全球性挑战，也是提升国家国际竞争力的重要途径。通过国际合作与交流，我们可以共享创新资源、借鉴先进经验、拓展合作领域、实现互利共赢。同时，在国际舞台上展现创新实力，也能够提升国家的国际影响力和话语权，为国家的长远发展奠定坚实基础。

(3) 维护国家战略安全。自主创新是维护国家战略安全的重要基石。只有掌握核心技术和自主知识产权，才能确保国家在关键时刻不受制于人。而创新意识则是推动自主创新的关键所在。通过不断创新，我们能够在关键领域和环节掌握战略资源，确保国家发展的安全稳定。同时，面对外部威胁和挑战，我们也能够运用创新手段进行有效应对。无论是经济安全、科技安全还是军事安全，都离不开创新意识的支撑和保障。因此，我们必须高度重视创新意识的培养和发展，为国家的战略安全提供坚实保障。

四、培养大学生创新意识的重要意义

在当前全球格局下，创新对国家和民族的繁荣发展至关重要。为了适应这个需求，创新型人才的培养显得尤为必要。2023年五四青年节之际，习近平总书记曾寄语青年，鼓励青年追求梦想，让青春在创新创造中闪光。我国大学生作为科技创新的生力军和国家振兴的中流砥柱，应具备开拓进取和独树一帜的精神，拥有强大的创新意识与能力，这样才能使中华民族日益壮大，傲然挺立于世界民族之林。社会的进步迫切需要优秀的创新型人才，而大学生的创新意识和能力越强，国家的创新活力也越强。因此，将我国大学生培养成卓越的创新人才，对个人及国家的长远发展均具有重大意义。

(一) 创新意识及创新能力是衡量新时代大学生综合素质的重要标准

创新意识及创新能力是衡量新时代大学生综合素质的重要标准。在数字经济和科技迅速发展的当下，传统的教育模式已不足以应对未来社会的需求。大学生除了需要具备扎实的专业知识，更要在思维上拥有创新意识，以敏锐地识别和抓住时代机遇。这种创新意识促进他们突破传统的思维框架，鼓励他们勇于探索新的思想和方法，推动创造性解决方案的生成。当代大学生一旦具备了较强的创新意识和创新能力，就会对各项素质的提高起到良好的推动和促进作用，进而提升其自身整体素质。拥有了创新意识和创新能力，大学生在毕业之后就可以利用各种有利的条件，选择自己喜欢从事的工作，并在不断完善自身知识结构以及提升能力的同时，更好地发展自我，为社会做出贡献，实现自身的价值。新时代大学生正处于人生中精力最旺盛的阶段，非常注重自我价值的实现，期盼着创造属于自己的精彩人生。

(二) 培养创新型人才是全面建成社会主义现代化强国伟大目标的关键前提

习近平总书记在党的十九大报告中明确指出："到本世纪中叶把我国建成富强民主文明和谐美丽的社会主义现代化强国。"现代化已经成为一种世界现象，各国在实现现代化的进程里如同一场精彩的马拉松比赛选手，我国想要赢得比赛的最终胜利，就必须以最快的速度实现国家的现代化，而想要实现现代化，就必须培养创新型人才。创新人才的培养首先就要增强当代大学生的创新意识。因为新时代大学生在我国属于文化层次比较高的人群，他们不仅掌握专业的理论知识，还充满年轻活力与朝气，相比其他的人群有更多的优势。当代大学生作为国家发展的主力军，是祖国的未来，其创新意识的高低直接决定我国创新水平的高低。因此，重视培养大学生的创新意识是国家培养优秀创新型人才，为党和人民的事业源源不断地输送新鲜血液的需求。

(三) 培养创新型人才是应对数字经济时代挑战的迫切需要

在数字经济时代，培养创新型人才显得尤为重要。随着人工智能、大数据和区块链等新技术的快速发展，社会和企业迫切需要具备创新思维和技能的人才，以适应技术变革并推动业务转型。面对复杂多变的市场挑战，具备跨界思维和系统性分析能力的创新型人才能够识别并解决问题，提出原创性解决方案，帮助企业抓住机遇。此外，面对资源有限和环境污染等全球性挑战，创新型人才在推动可持续发展和社会进步方面也发挥着关键作用。因此，培养创新型人才不仅是提升个人竞争力的需求，更是应对数字经济挑战、推动经济与社会可持续发展的迫切要求。教育、企业和社会各界需要共同努力，为人才成长提供良好的环境，以培养出更多具有创新能力的人才。

第三节 创新意识的培养路径

创新意识的培养并非一蹴而就，它需要个人在认知、情感、行为等多个层面的持续努力，也需要组织和社会提供良好的环境和支持。因此，深入探讨培养创新意识的具体策略与实践方法，对激发个体潜能、提升组织竞争力、推动社会创新发展具有重要意义。本节将聚焦于创新意识的培养，从个人、组织和社会三个维度出发，系统地阐述一系列行之有效的策略与实践方法。

一、个人层面的培养策略

在培养创新意识的过程中，个人层面的努力是基础且至关重要的。每个人都是一座未被完全发掘的宝库，蕴含着无限的创意与潜能。以下从激发好奇心与探索欲、培养批判性思维、动手实践与实验，以及持续学习与自我反思四个方面，详细阐述了个人应如何有效培养创新意识。

(一) 激发好奇心与探索欲

(1) 鼓励主动提问，保持对周围世界的好奇心。好奇心是创新的源泉。我们应鼓励自己以孩子般的心态，对周围的世界充满好奇，勇于提出"为什么"和"如果……会怎样？"等问题。这种不断追问的精神能够促使我们深入探索事物的本质，发现新的可能性和解决方案。

(2) 设定个人学习目标，不断挑战自我认知边界。为自己设定具有挑战性的学习目标，是推动个人成长和创新的关键因素。这些目标可以涉及新技能的学习、新领域的探索或个人能力的突破。通过不断挑战自我，我们能够拓宽认知边界，激发潜在的创新能力。

(3) 参与跨学科学习，拓宽视野，发现新领域。跨学科学习是激发创新思维的有效途径。通过融合不同学科的知识和方法，我们能够发现新的视角和思路，从而产生独特的创意和解决方案。因此，我们应积极寻求跨学科的学习机会，以拓宽自己的知识视野。

(二) 培养批判性思维

(1) 学会质疑现有观念，不盲目接受信息。批判性思维是创新意识的重要组成部分。

它要求我们对接收到的信息保持审慎态度，不盲目接受或排斥，而是学会质疑、分析和评估。借助批判性思维，我们能够更深入地洞察问题本质，提出更有价值的见解和解决方案。

(2) 分析问题根源，多角度思考解决方案。在面对问题时，我们应深入挖掘其背后的根源和原因，而不是仅仅停留在表面现象上。同时，我们还要学会从多个角度思考问题，尝试不同的解决方案。这种多角度思考的能力能够帮助我们打破思维定式，发现新的创新点。

(3) 培养独立思考能力，形成个人见解。独立思考是创新的基础。我们应努力培养自己的独立思考能力，不应随波逐流。在面对问题和挑战时，我们应勇于表达自己的观点和见解，即使这些观点与主流意见相悖。通过独立思考和表达，我们能够逐渐形成自己的思想体系和价值观。

(三) 动手实践与实验

(1) 将创意转化为实际行动，通过实践验证想法的可行性。创意只有转化为实际行动才能产生价值。因此，我们应勇于将自己的创意付诸实践，通过实践来验证其可行性和有效性。在实践过程中，我们会遇到各种问题和挑战，但正是这些挑战促使我们不断优化方案并完善创意。

(2) 参与项目式学习，从实践中学习新知识和新技能。项目式学习是一种高效的学习方式，它能够将理论知识与实践操作紧密结合。通过参与项目式学习，我们能够在实际操作中学习新知识和新技能，并培养解决问题的能力。同时，项目式学习还能够激发我们的创新灵感和创造力。

(3) 鼓励试错，从失败中汲取教训，不断优化方案。在创新过程中难免会遇到失败和挫折。然而，失败并不可怕，关键在于我们如何面对和处理它。我们应鼓励自己勇于试错，敢于挑战未知领域。在失败中汲取教训、总结经验教训并不断优化方案是创新成功的关键所在。

(四) 持续学习与自我反思

(1) 保持学习的热情，不断更新知识储备。学习是终身的事业。在当今快速变化的时代背景下，我们应保持对学习的热情和动力，不断更新自己的知识储备。通过学习新知识、新技能和新方法，我们能够拓宽视野、提升能力并激发创新灵感。

(2) 定期进行自我反思，评估个人创新意识的发展状况。自我反思是提升个人素质和能力的重要途径。我们应定期对自己进行反思和评估，审视自己在创新意识方面取得的进展和存在的不足之处。通过自我反思和评估，我们能够及时调整自己的学习策略和方法，推动创新意识的不断发展。

(3) 寻求反馈，从他人的评价中发现自己的不足并改进。他人的评价和建议是我们改进自己和提升能力的重要参考依据。我们应积极寻求他人的反馈，并认真倾听和吸纳他们的评价和建议，从而更全面地认识自己，及时发现并改进不足之处。同时，我们也应学会接受他人的批评和指正，并将其转化为自己前进的动力和源泉。

二、高校层面的实践方法

在高等院校这一特定组织环境中，培养师生的创新意识与实践能力尤为重要。高等教育不仅是知识传授的殿堂，更是创新思维与科研探索的摇篮。以下从营造创新氛围、促进跨学科合作与知识共享、强化创新教育与技能培训，以及构建创新激励机制四个方面，探讨了高等院校应如何有效促进创新意识的培养与实践。

(一) 营造创新氛围

(1) 构建开放包容的学术环境。高等院校应致力于营造一种开放包容的学术氛围，鼓励师生勇于挑战传统观念，敢于提出新理论和新方法。通过举办学术沙龙、思想碰撞会等活动，促进不同学科、不同观点之间的交流与碰撞，激发创新火花。

(2) 设立创新实践平台。高校可以建立创新实验室、创业孵化器等实践平台，为师生提供将创意转化为现实的机会。这些平台不仅配备先进的科研设备和技术支持，还汇聚了来自不同领域的专家和导师，为师生提供全方位的指导和帮助。

(3) 表彰创新成果。高校应定期举办创新成果展示会、科技竞赛等活动，对在科研、教学、社会服务等方面取得创新成果的个人或团队给予表彰和奖励。通过树立创新典型，激励更多师生投身于创新实践。

(二) 促进跨学科合作与知识共享

(1) 打破学科壁垒。高校应鼓励跨学科合作与交流，打破传统学科之间的界限，促进不同学科之间的交叉融合。通过设立跨学科研究中心、举办跨学科研讨会等方式，为师生提供跨领域合作的机会和平台。

(2) 建立知识共享机制。高校应建立完善的知识共享机制，鼓励师生分享自己的研究成果、教学经验等。通过建立学术资源库、在线学习平台等，实现知识资源的共享与利用，从而提高整体科研和教学水平。

(3) 组织跨学科项目。高校可以组织跨学科研究项目或课程，鼓励师生共同参与其中。这些项目或课程通常涉及多个学科领域的知识和技能，需要团队成员之间的紧密合作与协调。通过参与跨学科项目或课程的学习与研究，师生能够拓宽视野并拓展思路，激发创新灵感。

(三) 强化创新教育与技能培训

(1) 开设创新课程。高校应将创新教育纳入课程体系，开设创新思维、设计思维、创业管理等课程。这些课程旨在培养学生的创新能力和创业精神，帮助他们掌握创新的方法和技巧。

(2) 引入外部资源。高校可以邀请行业专家、企业家等外部人士来校举办讲座或授课，为学生提供前沿的行业信息和实践经验。同时，高校还可以与企业、研究机构等建立合作关系，共同开展创新教育和技能培训项目。

(3) 鼓励参与创新实践。高校应鼓励学生积极参与各类创新实践活动，如科研项目、创业计划、社会实践等。通过实践锻炼，学生能够将所学知识应用于实际问题解决中，进而提升自己的创新能力和实践能力。

(四) 构建创新激励机制

(1) 设立创新奖学金。高校可以设立创新奖学金，对在科研、创新实践等方面表现突出的学生给予奖励。这种奖励机制能够激发学生的创新热情和积极性，鼓励他们更加积极地投身于创新实践。

(2) 将创新成果纳入评价体系。高校应将创新成果纳入师生评价体系，将科研成果、教学成果、社会服务等方面的创新成果作为评价师生综合素质的重要指标。通过这种评价方式，高校能够引导师生更加重视创新工作，并投入更多的精力和资源。

(3) 提供创新项目资助。高校可以设立创新项目资助基金，为具有潜力的创新项目提供资金支持。这些资金可以用于项目的研发、实验、推广等方面，帮助项目团队克服资金短缺的困难，推动创新项目的顺利实施和商业化应用。

三、社会层面的支持措施

在推动高等院校乃至整个社会创新发展的进程中，社会层面的支持措施起着至关重要的作用。这些措施不仅为创新活动提供了必要的政策保障与资源支持，还营造了积极向上的创新文化氛围，为培养创新人才和激发创新活力奠定了坚实基础。

(一) 政策引导与支持

政府作为政策制定的主体，其导向作用对激发社会创新活力至关重要。为此，政府应出台一系列旨在鼓励创新创业和保护知识产权的政策措施。这些政策应涵盖以下几个方面。

(1) 明确创新导向：通过制定科技创新发展规划，明确国家及地方层面的创新发展方向和重点领域，引导社会资源向创新领域聚集。

(2) 税收优惠与资金补贴：对符合条件的创新型企业、科研机构及个人，给予税收减免、资金补贴等优惠政策，降低其创新成本，增强其创新动力。

(3) 知识产权保护：加强知识产权法律法规建设，提高知识产权保护力度，严厉打击侵权行为，为创新成果提供坚实的法律保障。

(二) 教育资源持续投入

教育是培养创新人才的基础。加大对创新教育的投入，优化课程体系和教学方法，是提升社会整体创新能力的关键所在。具体措施包括以下几个方面。

(1) 加大财政投入：政府应增加对教育的财政拨款，尤其是向创新教育倾斜，确保创新教育拥有足够的资金支持。

(2) 优化课程体系：鼓励高校和中小学根据时代需求和学生特点，调整课程设置，增加创新课程和实践环节，培养学生的创新思维和实践能力。

(3) 建立创新实践基地：依托高校、科研机构和企业，建立一批创新教育实践基地，为学生提供更多接触实践和参与创新的机会。

(三) 社会舆论多方引导

创新文化的形成离不开社会舆论的引导和支持。通过媒体宣传、公益活动等方式，可以营造崇尚创新，鼓励创新的社会氛围，激发全社会的创新热情。

(1) 倡导创新文化：在全社会范围内倡导创新文化，树立创新榜样，表彰创新成果，让创新成为推动社会进步的重要力量。

(2) 媒体宣传：利用电视、广播、报纸、网络等媒体平台，广泛宣传创新理念、创新成果和创新人物，提高公众对创新的认识和重视程度。

(3) 公益活动：组织各类创新主题的公益活动，如创新大赛、科普讲座、创新展览等，吸引公众参与其中，亲身体验创新的乐趣和魅力。

综上所述，社会层面的支持措施是构建创新生态不可或缺的重要组成部分。政策引导与支持、教育资源投入以及社会舆论引导等方面的努力，可以为高等院校乃至整个社会的创新发展提供强有力的支撑和保障。

通过本章的学习，我们深入探讨了创新意识的重要性及其培养途径，全面了解了激发创新意识的多种方法，如观察生活、拓宽视野、积极实践和保持好奇心等。这些技巧不仅有助于提升学习和工作成绩，还能增强在复杂社会环境中的洞察力与适应能力。展望未来，随着科技和社会的不断发展，创新意识的培养愈发重要。在接下来的章节中，我们将继续探讨创新发明的相关知识，以帮助各位读者进一步提升自身的创新意识和能力。

复习思考题

1. 创新意识的基本定义是什么？它如何区别于传统思维模式？
2. 为什么说创新意识是现代社会不可或缺的能力之一？
3. 在个人经历中，有哪些因素激发了你的创新意识？这些因素如何影响你的思考和行为方式？
4. 如何克服创新过程中的恐惧和不确定性，并保持持续的创新动力？
5. 创新意识的培养需要哪些基础素质和能力？这些素质和能力如何相互关联？
6. 学校教育在培养创新意识方面扮演了怎样的角色？有哪些有效的教育方法和实践案例？
7. 创新思维工具有哪些？它们如何帮助个人和组织提升创新能力？
8. 面对未来社会的不确定性，个人和组织应如何持续培养并提升创新意识以应对挑战？

第二章
创新发明的理论与实践

在科技日新月异的今天，创新发明不仅是推动社会进步的重要力量，更是连接过去与未来、现实与梦想的桥梁。从古老的四大发明到现代的信息技术革命，每一次创新发明的诞生都深刻地改变了人类的生活方式和思考方式。本章将深入浅出地介绍创新发明的基本原理、思维方法、技术工具等方面的知识，旨在为读者开启一扇通往创新世界的大门，引领大家共同探索未知和创造未来。

第一节　创新发明的概念与分类

本节将深入探索创新发明的核心概念与分类，揭示其背后的驱动力、影响力以及未来发展的无限可能。通过了解创新发明的定义、本质、重要性及价值，我们能够更好地理解这个世界的运作规律，进而激发内心的创造力，为未来的创新之路奠定坚实的基础。

一、创新发明的核心概念

在当今快速发展的科技时代，创新发明已成为推动社会进步和经济增长的重要动力。理解创新发明的核心概念，不仅有助于推动技术的持续发展，还能在竞争激烈的市场中为企业赢得先机，确保其持续生存与发展。

(一) 定义与本质

(1) 创新发明的精确定义。创新发明是创新活动与发明创造的有机结合。它不仅是指创造出前所未有的新事物或新方法,更强调这些新事物或新方法在技术上的先进性、实用性以及对社会经济的显著贡献。简而言之,创新发明是运用创造性思维和技术手段,开发出具有新颖性、创造性和实用性的技术方案或产品,以满足社会需求和推动科技进步的过程。

(2) 创造性与技术革新的内在联系。创造性是创新发明的灵魂,它源于人类对未知世界的探索欲和改变现状的渴望。创造性思维促使人们突破传统框架,以独特的视角审视问题,提出前所未有的解决方案。而技术革新则是创造性思维的实践成果,它通过新技术的研发和应用,实现生产方式的变革、产品性能的提升以及社会生产效率的飞跃。创造性与技术革新相辅相成,共同推动着创新发明的不断发展。

(二) 重要性与价值

(1) 创新发明是推动科技进步的关键力量。创新发明是科技进步的原动力。在科技领域,每一次重大的创新发明都意味着技术边界的拓展和认知能力的提升。这些创新成果不仅丰富了人类的知识宝库,更为后续的科学研究和技术开发提供了坚实的基础。因此,创新发明在推动科技进步方面发挥着不可替代的作用。

(2) 创新发明是经济发展的重要引擎。在经济全球化的背景下,科技创新已成为国家竞争力的核心要素。通过创新发明,企业可以开发出具有自主知识产权的新产品、新技术和新服务,从而增强市场竞争力并实现可持续发展。同时,创新发明还能促进产业结构的优化升级和新兴产业的培育壮大,为经济增长注入新的动力。

(3) 创新发明是文化传承与创新的桥梁。在文化传承方面,创新发明通过技术手段将传统文化元素进行数字化、网络化等处理,使其更加易于传播和保存。同时,创新发明还能为传统文化注入新的元素和活力,推动其与现代社会的融合与发展。在文化创新方面,创新发明则通过跨界融合、协同创新等方式推动文化产业的转型升级和新兴业态的培育发展。

(三) 历史与未来

(1) 历史上里程碑式的创新发明回顾。回顾历史长河,无数里程碑式的创新发明闪耀着人类智慧的光芒。从古代的四大发明(造纸术、印刷术、火药及指南针)到近代的工业革命(蒸汽机、电力技术等)，再到现代的信息技术革命(计算机、互联网、人工智能等)，这些创新发明不仅深刻地改变了人类的生产方式和生活方式，更为人类文明的发展进步奠定了坚实的基础。

(2) 当代创新发明的趋势分析。当前，随着科技的不断进步和全球化的深入发展，创新发明的趋势也呈现出一些新的特点。一方面，跨学科和跨领域的协同创新成为主流趋势；另一方面，绿色、低碳、可持续等环保理念也逐渐融入创新发明的过程中。此外，随着人工智能、大数据等新一代信息技术的快速发展和应用推广，智能化、网络化、服务化等特征也日益凸显。

(3) 未来创新发明的发展方向。展望未来，创新发明的发展方向将更加多元化和前沿化。一方面，随着人类对宇宙、深海等未知领域的深入探索，以及生命科学、材料科学等基础学科的发展与突破，新兴领域将成为未来创新发明的重要源泉；另一方面，人工智能、量子计算等前沿技术的成熟和应用拓展，以及社会需求的持续变化升级，也将催生出更多具有颠覆性意义的新技术、新产品和新服务。因此，我们有理由相信在未来的日子里，创新发明将继续引领着人类社会不断向前发展进步。

二、创新发明的分类体系

在探讨创新发明的广阔天地时，一个清晰的分类体系有助于我们更系统地理解和分析各类创新活动的本质与特点。以下将从产品发明、方法发明和应用发明三个维度，深入阐述创新发明的分类体系。

(一) 产品发明

产品发明是指创造出具有新颖性、创造性和实用性的物品或装置的过程。这些物品或装置能够解决特定的问题，满足市场需求，并带来经济效益。

(1) 实体产品创新：从设计到市场的全过程。实体产品创新涵盖了从概念构思、设计开发、原型制作到市场推广的全过程。这一过程需要跨学科的知识融合，包括工业设计、材料科学、机械工程等领域。设计师和工程师们通过不断试错和优化，最终将创意转化为具有市场竞争力的产品。例如，智能手机的出现就是实体产品创新的一个杰出代表，它不仅集成了通信、计算、娱乐等多种功能，还通过不断的技术升级和用户体验优化，引领了电子消费市场的潮流。

(2) 消费品领域的创新案例。在消费品领域，创新发明层出不穷。从智能家居设备到可穿戴技术，从环保材料的应用到个性化定制服务的兴起，都体现了消费品领域对创新的不懈追求。例如，智能音箱通过语音识别技术实现了人机交互的新方式；而环保材料的广泛应用则推动了绿色消费理念的普及。

(3) 工业产品的技术创新与突破。工业产品作为国民经济的重要支柱，其技术创新与突破对推动产业升级和经济发展具有重要意义。在工业领域，创新发明往往聚焦于提高生产效率、降低能耗、提升产品质量等方面。例如，自动化生产线的广泛应用不仅提高了生产效率和产品精度，还降低了人工成本；而新能源汽车的兴起则是对传统汽车行业的一次重大颠覆，引领了汽车产业向绿色低碳转型。

(二) 方法发明

方法发明是指创造出新的生产工艺、科学研究方法或服务模式的过程。这些方法能够优化现有流程、提高效率或解决特定问题。

(1) 生产工艺的创新与优化。生产工艺的创新与优化是制造业提升竞争力的关键。通过引入新技术、新工艺或新设备，企业可以实现生产流程的自动化、智能化和绿色化。例如，智能制造技术的应用使得生产过程中的数据采集、分析和决策更加精准高效；而绿色制造理念的推广则促进了生产过程的节能减排和资源循环利用。

(2) 科学研究方法的革新与应用。科学研究方法的革新与应用是推动科技进步的重要力量。新的研究方法和工具能够揭示自然界的奥秘、验证科学假设并推动理论创新。例如，高通量测序技术的出现极大地加速了生物信息学的研究进程；而量子计算技术的探索则为解决复杂计算问题提供了新的可能。

(3) 服务行业的创新模式与策略。在服务行业，创新发明同样发挥着重要作用。通过创新服务模式、优化服务流程或开发新服务产品，企业可以提升客户体验、增强市场竞争力。例如，共享经济的兴起改变了传统的消费模式和服务供给方式；而数字化转型则使得服务行业能够更加精准地把握客户需求并提供个性化服务。

(三) 应用发明

应用发明是指将新技术、新方法或新产品应用于新的领域或场景中的过程。这种应用往往能够创造出新的价值或解决新的问题。

(1) 跨界融合：新技术在传统领域的应用。跨界融合是应用发明的重要形式。通过将新技术应用于传统领域，可以打破行业壁垒、促进产业升级并创造新的经济增长点。例如，人工智能技术在医疗领域的应用，不仅提高了诊断的准确性和效率，还推动了医疗服务的智能化和个性化；而区块链技术在金融领域的应用则增强了交易的透明度和安全性。

(2) 新兴领域：前沿技术的探索与实践。新兴领域是应用发明的另一个重要方向。在这些领域中，前沿技术的探索与实践往往能够引领未来的发展趋势并创造新的商业模式。例如，物联网技术的广泛应用推动了智慧城市的建设；而虚拟现实和增强现实技术的兴起则为娱乐、教育等领域带来了全新的体验方式。

(3) 社会问题解决方案的创新设计。应用发明还关注社会问题的解决。通过创新设计解决方案，可以为环境保护、公共安全、医疗健康等领域提供有效的支持。例如，智能垃圾分类系统的应用促进了垃圾分类的普及和回收效率的提升；而远程医疗技术的推广则缓解了医疗资源分布不均的问题，并提高了医疗服务的可及性。

三、创新发明的影响与意义

创新发明作为推动社会进步和文明发展的重要力量，其影响深远且广泛，不仅在经济层面带来显著变革，还深刻影响着社会结构和文化环境，同时为解决环境问题、促进可持续发展提供了新的路径。

(一) 经济层面的影响与意义

(1) 经济增长的新动力。创新发明是推动经济持续增长的关键因素。新技术和新产品的不断涌现，不仅为市场注入了新的活力，还催生了新兴产业和新的经济增长点。这些新兴产业往往具有高增长性、高附加值的特点，成为拉动经济快速增长的重要引擎。例如，互联网技术的飞速发展带动了电子商务、在线支付、云计算等新兴业态的兴起，为全球经济注入了强劲动力。

(2) 产业结构调整的催化剂。创新发明是推动产业结构调整的重要力量。随着新技术的不断涌现和应用，传统产业面临转型升级的压力和挑战。企业为了保持竞争力，不得不加大研发投入，引入新技术、新工艺和新设备，实现生产方式的变革和产品结构的升级。这一过程促进了产业结构的优化和升级，推动了经济向高质量发展阶段迈进。

(3) 就业市场的新机遇。创新发明为就业市场带来了新机遇。新兴产业的发展需要大量高素质和高技能人才的支持，这为劳动者提供了更多的就业机会和职业发展空间。同时，创新发明也促进了灵活就业、远程工作等新型就业模式的兴起，为劳动者提供了更加灵活多样的就业选择。

（二）社会层面的影响与意义

(1) 生活方式与习惯的改变。创新发明深刻地改变了人们的生活方式和习惯。新技术和新产品的普及与应用，使得人们的生活更加便捷、高效和舒适。例如，智能手机的普及让人们可以随时随地进行信息交流、娱乐消费和在线支付；而智能家居设备的出现则让家庭生活更加智能化和个性化。这些变化不仅提高了人们的生活质量，还促进了社会文明的进步和发展。

(2) 社会关系与互动的新形态。创新发明促进了社会关系与互动的新形态的形成。社交媒体、即时通信工具等互联网应用的普及，让人们之间的交流和互动更加频繁和紧密。这些平台不仅为人们提供了表达意见和分享信息的渠道，还促进了不同文化、不同背景人群之间的交流和融合。同时，创新发明还推动了远程协作、在线教育等新型社会关系的形成和发展。

(3) 文化传承与创新的融合。创新发明在推动文化传承与创新方面发挥着重要作用。新技术和新媒体的应用为传统文化的弘扬提供了新的平台。例如，数字化技术在文化遗产保护、非物质文化遗产传承等方面的应用，使得传统文化得以更好地保存和传承。同时，创新发明也为文化创新提供了无限可能。艺术家和创作者可以利用新技术创作出更加新颖且独特的艺术作品和文化产品，推动文化的繁荣发展。

（三）对环境与发展的影响与意义

(1) 环保技术对环境问题的解决方案。创新发明为解决环境问题提供了重要的技术支持。环保技术的不断发展和应用，为减少污染排放和改善环境质量提供了有效的解决方案。例如，污水处理技术、空气净化技术等环保技术的应用，使得工业生产过程中的污染排放得到有效控制。

(2) 能源利用效率的提升与新能源开发。创新发明推动了能源利用效率的提升和新能源的开发利用。随着科技的进步和创新的深入发展，人们不断开发出更加高效、清洁的能源利用技术和新能源产品。这些技术和产品的应用不仅提高了能源利用效率，降低了能耗成本，还促进了能源结构的多元化和可持续发展。例如，太阳能、风能等可再生能源的广泛应用为缓解能源危机和减少碳排放做出了重要贡献。

(3) 绿色生产与消费模式的推广与实践。创新发明促进了绿色生产与消费模式的推广与实践。绿色生产是指采用环保技术、节能减排等措施，实现生产过程的低污染、低能耗和高效率；而绿色消费则是指消费者在购买和使用产品时注重环保、节能和可持续性等因素。创新发明对绿色生产与消费模式的推广产生了技术支持和示范引领作用。例如，绿色包装技术和循环经济技术的应用，促进了资源的循环利用和废弃物的减量化处理；而绿色消费理念的普及则推动了消费者对环保产品的需求和认可度的提升。

第二节　创新发明的基本流程

创新发明不仅是科技进步的催化剂，更是社会发展的重要驱动力。然而，一项创新发明的诞生并非一蹴而就，它经历了一个从灵感闪现到市场应用的复杂而精细的流程。这一过程不仅要求创造者具备敏锐的洞察力和深厚的专业知识，还需要科学的规划、严谨的实验，以及对市场的敏锐洞察。本节将深入剖析创新发明的基本流程，以便使读者更好地理解创新发明的本质，为未来的创新实践提供有益的借鉴和启示。

一、创意萌芽与问题识别

在创新发明的旅程中，创意的萌芽与问题的精准识别是至关重要的第一步。这一过程不仅关乎灵感的闪现，更涉及对现实需求的深刻理解和对未来趋势的敏锐洞察。

(一) 创意激发与收集

在创新的起点，创意的激发与收集是孕育创新火花的摇篮。这一过程如同在广阔的思维田野上播种希望，通过跨学科的知识融合、深入的用户需求调研以及对行业趋势的敏锐洞察，我们得以激发出无数新颖独特的创意火花。这些创意可能源于一次偶然的灵感闪现，也可能是在深入分析问题后的顿悟。无论是哪种方式，它们都是创新发明的宝贵财富，为后续的研究与开发提供了无限可能。

(1) 跨学科思维碰撞。创新往往源于不同学科知识的交汇与融合。在创意激发阶段，鼓励跨学科团队的组建与合作，通过不同领域视角的碰撞与交流，能够打破传统思维框架，激发出前所未有的新颖创意。这种跨学科的思维方式，不仅拓宽了创意的来源，也为后续的技术实现和市场应用提供了多元化的可能性。

(2) 用户需求调研。创新发明的最终目的是满足用户需求，提升生活质量。因此，深入了解目标用户群体的痛点与需求，成为创意收集过程中不可或缺的一环。通过问卷调查、访谈、用户观察等方式，收集并分析用户反馈，能够准确把握市场脉搏，为创意提供明确的方向。这些基于用户需求的创意，更有可能获得市场的认可与青睐。

(3) 趋势分析与预测。在快速变化的市场环境中，把握行业发展趋势，预测未来可能的创新点，对创新发明的成功至关重要。通过关注行业动态、分析市场数据、研究前沿技术等方式，能够洞察未来趋势，为创意的孵化提供有力支持。同时，预测未来创新点还能够帮助团队提前布局，抢占市场先机。

(二) 问题明确与定义

在创新的海洋中，明确并定义问题如同引领成功的灯塔。通过细致的问题识别与聚焦，可以从众多创意中筛选出真正具有挑战性和市场潜力的问题。这一过程需要敏锐的洞察力和深入的分析能力，才能将抽象的问题具体化和可操作化。同时，细化和量化问题，制定明确的衡量标准，有助于准确把握解决方向和进度。问题明确与定义不仅是创新发明的关键环节，也是确保后续工作顺利进行的重要前提。

(1) 问题识别与聚焦。在收集到大量创意后，需要对其进行筛选与聚焦。通过对比分析、专家评审等方式，从众多创意中筛选出具有可行性和市场潜力的问题点。这些问题点将成为后续研究与开发的重点方向。聚焦问题不仅能够减少资源的浪费，还能够提高创新效率，确保团队能够集中精力解决关键问题。

(2) 问题细化与量化。将抽象问题具体化和细化是问题定义的关键步骤。通过深入分析问题的本质、影响因素和解决方案等方面，将问题细化为可操作的具体任务。同时，为了衡量问题的解决效果，还需要制定明确的衡量标准。这些标准将作为后续评估与优化的依据，确保创新发明能够真正解决用户痛点，满足市场需求。

(3) 风险评估与应对。在创新过程中，不可避免地会遇到各种风险。因此，在问题明确与定义阶段，就需要初步评估可能遇到的风险，并制定应对策略。这些风险可能包括技术风险、市场风险、法律风险等。通过制定详细的风险评估报告和应对预案，团队能够提前做好准备，有效应对潜在风险，确保创新发明的顺利进行。

(三) 创意筛选与评估

在创意的筛选与评估阶段，需要具备全面的视角和严谨的态度，并从技术、市场和法律等多个维度对创意进行深入分析。可行性分析可以帮助评估创意实现的难易程度和成本效益；价值潜力评估用于判断创意的潜在价值和市场前景；而通过团队与资源的匹配度考量，则可以选择最适合现有团队能力和资源状况的创意进行开发。创意筛选与评估是确保创新发明成功的关键步骤，也是优化资源配置和提高创新效率的重要手段。

(1) 创意可行性分析。在筛选出具有潜力的创意后，需要对其进行可行性分析。从技术、市场、法律等多个角度综合评估创意的可行性。技术分析主要关注创意的技术实现难度和成本；市场分析则关注创意的市场需求、竞争态势和商业模式等方面；法律分析则关注创意是否涉及知识产权纠纷等法律风险。通过全面评估创意的可行性，能够为后续的开发决策提供有力支持。

(2) 价值潜力评估。除了可行性分析，还需要对创意的价值潜力进行评估。这包括评估创意的经济价值、社会价值和科技价值。经济价值主要关注创意的市场前景和盈利能力；社会价值则关注创意对社会发展的贡献及其产生的影响；科技价值则关注创意在推动科技进步方面所做出的贡献及其引领作用。通过全面评估创意的价值潜力，能够更准确地判断其市场前景和发展潜力。

(3) 团队与资源匹配。最后，需要根据团队能力和现有资源情况，选择最合适的创意进行开发。这需要考虑团队的专业技能、经验积累以及可调配的资源等因素。团队具备开发该创意所需的技术能力和资源支持，是确保创新发明成功的关键所在。同时，还需要根据团队特点和资源情况灵活调整开发计划和策略，确保创新发明的顺利进行。

二、创新发明的研究与开发

经过对创意的严谨筛选与评估，我们即将全力投入创新发明研究与开发。该阶段是从概念构想转化为实际产品的关键环节，需在技术探索、原型构建及知识产权保护等方面展现出高度的专业性和严谨性。

(一) 技术研究与方案设计

在技术研究与方案设计的过程中，系统性和深入性是确保创新成果成功的关键因素。该阶段旨在为新技术的开发奠定坚实的基础，通过广泛的文献调研、深入的技术原理探索以及细致的方案设计与优化，将逐步构建出具有市场竞争力的创新产品或服务。这一系列步骤不仅有助于识别技术发展的瓶颈与机遇，还为后续的研发工作提供了明确的方向与策略，从而推动科技创新的不断进步。

(1) 技术文献调研。在研究与开发的初期，需要广泛查阅并深入分析相关领域的文献资料。这一过程不仅有助于快速了解当前技术的前沿动态和最新研究成果，还可以提供丰富的理论基础和参考依据。通过细致的文献调研，能够识别出技术发展的瓶颈与机遇，为后续的技术突破和创新提供有力的支撑。

(2) 技术原理探索。在掌握了充足的技术背景知识后，需要深入探索创新发明的技术原理。通过对技术原理的各个环节和要素的详细分析，进一步明确实现路径和关键技术点。这一步骤要求具备深厚的专业知识储备和敏锐的洞察力，以便能够准确把握技术创新的核心所在，并为后续的设计方案提供坚实的理论支撑。

(3) 方案设计与优化。基于技术原理的探索结果，接下来需要着手设计初步的实现方案。在设计过程中，需要充分考虑技术可行性、成本效益以及用户体验等多个因素，力求打造出既先进又实用的创新产品或服务。同时，应该持续对设计方案进行迭代优化，通过模拟实验、专家评审等方式验证方案的可行性和效果，确保最终方案能够满足设计要求并具备较高的市场竞争力。

(二) 原型开发与测试

在原型开发与测试阶段，设计思想被转化为实际产品，这是创意与应用之间的重要一步。首先，通过创新发明原型制作，验证设计方案的可行性。接下来，进行功能测试与验证，以确保原型的性能、可靠性和安全性。最后，通过收集用户反馈，深入了解目标用户的需求和体验，以便进行进一步优化。这一系列流程不仅提升了产品的用户满意度，也为实现市场导向的设计目标奠定了基础。

(1) 创新发明原型制作。在方案设计完成后，根据设计方案制作产品的初步原型。原型制作是验证设计方案可行性的重要环节，它要求在保证功能完整性的前提下，尽可能简化制作过程，以降低成本和时间投入。通过精细的制作工艺和严谨的质量控制流程，确保原型能够准确反映设计方案的意图和要求。

(2) 功能测试与验证。在原型制作完成后,应立即对其进行功能测试与验证。在测试过程中,必须严格按照设计要求对原型进行各项功能测试,以验证其是否满足预期目标。同时,还需要关注原型的稳定性、可靠性以及安全性等方面的问题,以确保产品在实际应用中的稳定性和安全性。通过全面的测试与验证,为后续的改进和优化工作提供有力的数据支持。

(3) 收集用户反馈。为了更好地了解用户对原型的真实需求和反馈意见,还需要邀请目标用户参与试用并收集他们的反馈意见。通过面对面的交流、问卷调查以及用户访谈等方式,可以有效收集大量宝贵的用户反馈意见。这些反馈意见不仅有助于发现原型中存在的问题和不足,还可以为改进和优化提供方向和建议。

(三) 知识产权申请与保护

在当今竞争激烈的市场环境中,知识产权的申请与保护成为创新成果价值实现的重要保障。进行专利检索与分析可以识别潜在的侵权风险并评估创新成果的专利性;选择合适的知识产权类型进行申请可以确保其合法权益得到有效维护;制定全面的保护策略有助于加强内部管理、建立维权机制。这一系列措施将确保创新成果在全球范围内得到有效保护,充分发挥其商业价值。

(1) 专利检索与分析。在创新成果初步形成后,应及时进行专利检索与分析工作。通过专利数据库的检索,了解相关领域内的专利布局和申请情况,以避免潜在的侵权风险。同时,还需要对检索到的专利文献进行深入分析,以评估创新成果的专利性和创新性,为后续的知识产权申请工作提供有力的支持。

(2) 知识产权申请。根据创新成果的类型和特点,需要选择合适的知识产权类型进行申请。例如,对具有新颖性、创造性和实用性的技术方案,通常会选择申请发明专利;而对具有显著识别性的品牌标识,则应该选择申请商标。在申请过程中,必须严格按照相关法律法规的要求准备申请材料,并提交给相关机构进行审查。

(3) 制定保护策略。为了确保创新成果得到有效保护,需要制定完善的知识产权保护策略。这些策略包括加强内部管理、建立健全的知识产权管理制度和流程;建立维权机制,及时应对和处理侵权行为;加强与世界知识产权组织的合作与交流,提高国际知识产权保护水平等。通过这些措施,可以有效确保创新成果在全球范围内得到充分的保护并发挥其应有的商业价值。

三、市场应用与推广

在当今竞争激烈的市场环境中，成功的产品或服务不仅需要具备卓越的性能与品质，更需要精准的市场定位与有效的推广策略。以下将从市场调研与定位、营销策略制定与实施、持续优化与迭代升级三个方面，详细阐述市场应用与推广的关键步骤与策略。

(一) 市场调研与定位

市场调研与定位是企业把握市场脉搏和确定航向的关键环节。通过深入的市场调研，企业能够洞察消费者需求和分析竞争对手态势，为产品或服务找到最适合的市场定位。这一过程不仅关乎企业的短期销售业绩，更关乎其长期品牌建设和市场竞争力的构建。

(1) 市场细分与目标市场选择。市场细分是市场战略的基础，它基于消费者需求、购买行为、地理位置、年龄、性别等维度因素，将整体市场划分为若干具有相似特征的子市场。通过深入分析各子市场的潜力、竞争状况及增长趋势，企业可以根据自身产品或服务的特性，选择最具吸引力且能发挥自身优势的细分市场作为目标市场。这一过程要求企业具备敏锐的市场洞察力和数据分析能力，以确保定位的准确性。

(2) 竞争对手分析。竞争对手分析是制定有效市场策略的重要一环。通过收集并分析竞争对手的产品特性、价格策略、营销手段、市场份额及客户评价等信息，企业可以评估自身在市场中的位置，识别竞争优势与劣势。此外，还需要关注竞争对手的动态变化，如新产品发布、市场扩张计划等，以便及时调整自身策略，保持竞争力。

(3) 产品定位与差异化策略。产品定位是指企业在目标市场中为产品或服务确立的独特形象和位置。它要求企业向消费者明确传达产品的核心价值、独特卖点及与竞争对手的区别。而差异化策略则是通过创新产品设计、提升服务质量、优化用户体验等方式，创造与竞争对手的显著差异，吸引并留住目标消费者。有效的产品定位与差异化策略能够增强品牌识别度，提升市场竞争力。

(二) 营销策略制定与实施

在激烈的市场竞争中，企业要想脱颖而出，必须制定并执行一套行之有效的营销策略。营销策略的制定需要基于深入的市场分析和消费者洞察，同时结合企业自身的资源与能力，形成差异化的竞争优势。而营销策略的实施则要求企业具备高效的执行力和灵活的应变能力，确保策略能够顺利落地并取得预期效果。

(1) 品牌建设与推广。品牌建设是企业长期发展的基石。通过精心设计的品牌标识、独特的品牌故事、一致的品牌形象传播，企业可以塑造出鲜明且具有吸引力的品牌形象。同时，利用广告、公关、社交媒体等多种渠道进行品牌推广，可以提升品牌知名度和美誉度，增强消费者对品牌的认知与信任。

(2) 渠道选择与拓展。选择合适的销售渠道和推广方式对产品成功进入市场至关重要。企业应根据目标市场的特点、消费者购买习惯及自身资源条件，灵活选择线上电商平台、线下实体店、分销商、代理商等多种渠道进行布局。同时，积极探索新兴渠道，如直播带货、社群营销等，以扩大市场覆盖面和影响力。

(3) 促销活动与公关策略。促销活动和公关策略是短期内提升销量和增强品牌影响力的有效手段。企业可以通过打折促销、赠品赠送、限时抢购等方式吸引消费者关注并促进购买。同时，利用公关活动，如新品发布会、行业论坛、公益活动等，提升品牌形象，增强与消费者的情感联系。

(三) 持续优化与迭代升级

持续优化与迭代升级是企业保持竞争力的关键所在。无论是产品功能、用户体验还是市场策略，都需要根据市场反馈和消费者需求进行不断调整和优化。这种持续优化与迭代的精神，不仅能够帮助企业及时发现并解决问题，提升产品和服务质量，还能够让企业紧跟市场趋势，抓住新的发展机遇。

(1) 用户反馈收集与分析。用户反馈是产品改进与升级的重要依据。企业应建立有效的用户反馈机制，通过问卷调查、用户访谈、社交媒体互动等方式，持续收集并分析用户对产品或服务的意见与建议。这些反馈不仅能够帮助企业了解产品使用中的实际问题，还能洞察市场需求的变化趋势，为产品优化提供方向。

(2) 产品优化与迭代。基于用户反馈和市场变化，企业应定期对产品进行优化与迭代升级。这包括改进产品功能、提升用户体验、修复已知问题等方面。通过不断地优化与迭代，企业可以保持产品的竞争力，满足用户日益增长的需求，同时吸引更多潜在用户。

(3) 技术创新与前瞻布局。技术创新是企业持续发展的动力源泉。企业应密切关注技术发展趋势和前沿动态，加大研发投入，推动技术创新与产品升级。同时，做好前瞻布局，提前规划未来产品和技术的发展方向，确保企业在激烈的市场竞争中始终保持领先地位。通过技术创新与前瞻布局，企业可以不断开拓新的市场空间，实现可持续发展。

第三节　创新发明的关键要素

创新发明不仅是技术革新的产物，更是思维碰撞、资源整合与市场洞察的结晶。要成功实现一项创新发明，不仅需要具备敏锐的洞察力和深厚的专业知识，还需要掌握一系列关键要素，以确保从创意萌芽到市场应用的每一步都能稳健前行。本节将深入探讨创新发明的关键要素，全方位解析创新发明背后的逻辑与策略。

一、创新思维的培养与激发

在探索创新发明的过程中，创新思维如同指南针，引领我们突破传统束缚，开辟前所未有的道路。而创新思维的培养与激发则是一个多维度和系统性的过程，它要求我们不断拓宽知识视野，深化跨界融合，同时提升信息处理能力，并具备全球视野与国际交流的能力。

(一) 拓宽知识视野与跨界融合

在知识爆炸与全球化迅速发展的时代，拓宽知识视野与跨界融合显得尤为重要。当面对复杂多变的创新需求时，单一学科的知识已无法满足现代社会的挑战。跨学科学习能力、信息获取与筛选能力、全球视野与国际交流等一系列因素构成了现代创新生态系统的基础，为推动社会发展与科技进步提供了新的动力。

(1) 跨学科学习能力。在知识爆炸的时代，跨学科学习作为连接不同知识领域的桥梁，对促进创新思维具有不可估量的价值。它鼓励我们跳出传统学科的框架，将不同领域的思维方式、理论工具和方法论相互融合，从而激发出新的思想火花。这种融合不仅有助于更全面、更深入地理解问题本质，还能为创新发明提供更为广阔的思路和解决方案。

在现实生活中，许多伟大的创新发明都是跨学科合作的成果。例如，生物技术与信息技术的融合催生了基因编辑技术 CRISPR-Cas9，这一革命性的突破不仅深刻改变了生物学研究的方法论，还为人类疾病治疗带来了前所未有的希望。又如，材料科学与纳米技术的结合，推动了新型材料的研发与应用，为能源、医疗、环保等多个领域带来了技术革新。

(2) 信息获取与筛选能力。在信息爆炸的时代，每个人都被海量的信息所包围。然而，并非所有信息都是有价值的，甚至很多信息可能是冗余、虚假或误导性的。因此，培养在海量信息中识别有价值内容的能力，对创新思维的激发至关重要。

为了提升这一能力，每个研究人员都需要掌握高效的信息检索技巧，学会利用专业的数据库、搜索引擎和社交媒体等工具，快速定位到与创新目标相关的信息资源。同时，还需要具备批判性思维，对获取到的信息进行深入的分析和评估，去伪存真，去粗取精，从而提炼出对创新发明有益的知识和灵感。

(3) 全球视野与国际交流能力。在全球化的今天，创新发明的竞争已经超越了国界和地域的限制。因此，具备全球视野和国际交流能力，对激发创新思维和推动创新发明具有重要意义。全球化视野要求我们关注国际科技动态和发展趋势，了解不同国家和地区的创新政策、市场需求和文化背景，从而在全球范围内寻找创新灵感和合作机会。而国际交流则为研究人员提供了与全球顶尖科学家、企业家和创新者面对面交流的平台，通过思想碰撞和合作研究，可以汲取他们的智慧和经验，拓宽创新视野和思路。

细心观察可以发现，许多企业通过跨国合作和并购等方式，迅速获取了先进技术和管理经验，推动了自身创新能力的提升。同时，一些国际性的科研合作项目也展示了全球合作在推动科技创新方面的巨大潜力。这些成功案例都充分证明了全球视野和国际交流在激发创新思维和推动创新发明方面的重要作用。

(二) 问题意识与批判性思维

在进行创新发明时，问题意识与批判性思维是两把不可或缺的钥匙，它们共同开启了通往新发现与新创造的门户。本节将深入探讨这两种思维方式的内涵及其在创新过程中的重要性，并通过具体方法指导，帮助读者培养起敏锐的问题发现能力、掌握批判性分析与评估的技巧，并勇于探索多元化的解决方案。

(1) 敏锐的问题发现能力。创新往往始于对问题的深刻洞察。培养敏锐的问题发现能力，意味着要学会从日常现象中抽丝剥茧，发现那些隐藏于表面之下的潜在问题。这要求每一个人都要保持好奇心，对周围世界保持敏感，时刻准备着去质疑和探索。

在实践中，可以通过观察、倾听、提问和反思等方式来锻炼自己的问题发现能力。

观察是第一步，它帮助人们收集信息，感知变化；倾听则是获取他人观点和反馈的重要途径；提问则促使我们深入思考，挖掘问题的本质；反思则是对整个过程的回顾与总结，帮助我们进行不断提升。

问题导向在创新过程中扮演着至关重要的角色。它是指将注意力集中在最需要解决的问题上，避免盲目创新和资源浪费。通过明确问题、分析问题、制定解决方案并付诸实施，可以更加高效地推进创新进程，实现创新目标。

(2) 批判性分析与评估能力。批判性思维是一种对既有观念进行审慎、全面、公正评估的思维方式。在创新发明的过程中，不能仅接受表面信息或传统观念，还需要进行深入的剖析和质疑，从而发现其中的不足和局限，为创新提供新的思路和方向。

培养批判性分析与评估的能力需要掌握一定的逻辑分析方法和评价标准。具体而言，可以从多个角度审视问题，比较不同观点之间的异同和优劣；可以运用数据分析、案例研究等方法来验证假设和结论；还可以邀请专家、同行或用户参与讨论和评价，以获得更全面的反馈和建议。

在创新决策的过程中，批判性思维尤为重要。它可以帮助研究人员避免盲目跟风和冲动决策，确保创新活动是基于充分论证和理性判断的结果。通过批判性分析与评估，可以更加准确地判断市场需求、技术可行性和经济效益等关键因素，为创新发明的成功实施奠定坚实基础。

(3) 探索多元化的解决方案。面对复杂多变的问题和挑战，单一的解决方案往往难以奏效。因此，在创新发明的过程中，需要鼓励研究人员从不同角度、不同层面去探索问题的解决方案。这种多元化思维不仅有助于拓展思路、激发创意灵感，还有助于降低风险并提高创新成功的概率。

为了实现解决方案的多元化探索，可以采用多种方法和技术手段。例如，运用头脑风暴法来激发团队成员的创意和想象力；利用思维导图来梳理问题脉络和解决方案框架；借助模拟仿真、原型测试等方法来验证解决方案的可行性和效果。

案例分析是展示多元化思维在创新发明中体现的重要途径。通过深入分析成功案例和失败教训背后的思维过程和方法论特点，可以更加直观地感受到多元化思维对推动创新发明的重要作用，并从中汲取经验和启示，以指导创新实践。

(三) 创新思维工具与方法

在追求创新的过程中，掌握一系列有效的工具与方法至关重要。这些工具与方法不仅能够帮助我们系统地整理思路并激发创意，还能加速创新方案的验证与优化。本节将详细介绍三种在创新思维中广泛应用的工具与方法，包括：头脑风暴与思维导图、设计思维与用户中心法、快速原型与迭代测试。

(1) 头脑风暴与思维导图。头脑风暴作为一种集体创意激发的方法，其核心在于打破常规思维束缚，鼓励自由联想和大胆设想。其基本原则包括：鼓励自由发言、不批评他人观点、追求数量而非质量、结合与改进他人意见等。通过遵循这些原则，参与者能够在一个轻松愉快的氛围中相互启发，共同挖掘出更多的创意点子。

而思维导图则是将头脑风暴产生的零散想法进行系统化整理的有效工具。它以一个中心主题为核心，通过分支和节点的方式将相关想法和概念连接起来，形成一个清晰且直观的思维网络。在创新思维的过程中，思维导图有助于我们快速捕捉灵感、梳理思路、发现潜在的联系和规律，从而为创新方案的制定提供有力支持。

(2) 设计思维与用户中心法。设计思维是一种以人为本和问题导向的创新方法。它强调从用户的真实需求出发，通过深入理解用户行为、情感和体验，来指导创新方案的设计和实施。设计思维的核心步骤包括：同理心理解、定义问题、构思方案、原型制作和测试验证。这些步骤相互关联，循环迭代，共同推动创新方案的不断完善和优化。

作为设计思维的重要组成部分，用户中心法要求在创新过程中始终将用户置于核心地位，以用户的满意度和体验作为衡量创新成功与否的重要标准。通过深入调研、访谈和观察等方式，研究人员可以更准确地把握用户的真实需求和痛点，从而为创新方案的制定提供有力依据。

(3) 快速原型与迭代测试。快速原型制作是创新过程中不可或缺的一环。它是指在短时间内以低成本的方式制作出创新方案的初步模型或样品，以便进行后续的测试和验证。快速原型制作的重要性在于它能够帮助研究人员快速验证创意的可行性、发现潜在的问题和缺陷，并及时进行调整和优化。

而迭代测试则是在快速原型制作的基础上进行的一系列测试和优化活动。通过不断重复"制作—测试—反馈—优化"的循环过程，可以逐步逼近最终的创新目标。迭代测试不仅有助于及时发现和解决问题，还能够帮助研究人员更好地理解用户需求和市场变化，从而确保创新方案的针对性和有效性。

综上所述，头脑风暴与思维导图、设计思维与用户中心法、快速原型与迭代测试是创新思维中不可或缺的三大工具与方法。它们相互补充且相互促进，共同构成了推动创新活动不断向前发展的强大动力。

二、技术实现与资源整合

技术实现与资源整合是进行创新发明的两大关键支柱，它们不仅决定了创新项目的可行性与成功率，还直接影响到最终成果的市场竞争力。接下来，将深入探讨技术基础与前沿探索、资源整合与利用、技术实现路径与项目管理等核心议题，以期为创新实践提供坚实的理论支撑与实践指导。

(一) 技术基础与前沿探索

在快速发展的科技背景下，核心技术的掌握和前沿探索成为推动创新的关键因素。然而，技术创新也伴随着不确定性和风险，系统的技术风险评估和应对策略显得尤为重要。评估风险源、量化影响和制定应对策略是确保创新顺利推进的关键因素。

(1) 核心技术掌握与应用。核心技术作为创新发明的基石，其重要性不言而喻。它不仅是产品或服务独特竞争优势的来源，更是推动行业进步和引领市场潮流的关键力量。掌握核心技术，意味着拥有了自主创新的主动权，能够在激烈的市场竞争中立于不败之地。

核心技术对创新发明至关重要，它是创新活动的核心驱动力，也是推动产业升级和经济转型的重要引擎。独特的核心技术能够构建难以复制的竞争壁垒，从而保护企业免受市场冲击。同时，掌握核心技术能够显著提升产品或服务的附加值，进而增强品牌影响力和市场认可度。

核心技术的学习与应用路径包括三个方面，一是加强基础理论的学习与研究，积累深厚的技术功底和知识储备；二是通过项目实践和实验验证等方式，不断试错和优化，逐步掌握核心技术的精髓；三是积极参与行业交流、技术论坛等活动，与同行专家和学者建立联系，共同探讨技术难题和解决方案。

(2) 技术趋势与前沿动态。在快速变化的科技时代，紧跟技术趋势并把握前沿动态是创新发明的必然要求。只有站在技术发展的前沿，才能洞察市场先机，引领创新潮流。这需要我们持续跟踪技术趋势对创新发明的影响。技术趋势为创新活动提供了明确的方向指引，有助于避免盲目投资和资源浪费。了解前沿技术可以缩短研发周期，提高创新效率，使创新成果更快地转化为市场价值。掌握前沿技术能够使企业在市场竞争中占据先机，提升整体竞争力。

前沿技术领域的探索与实践正以前所未有的速度改变着我们的世界。以人工智能为例,深度学习与自然语言处理(NLP)技术持续进步,使得 AI 能够更准确地理解人类语言,实现更复杂的对话和任务处理;推荐系统和个性化服务在电商、社交媒体等领域广泛应用,企业通过大量数据分析可以有效提升用户体验。在现实应用中,虚拟购物助手和聊天机器人(如亚马逊的 Alexa、阿里巴巴的客服机器人)能够实时解答用户问题,提供个性化推荐。在自动驾驶方面,如特斯拉等公司利用 AI 技术实现自动驾驶,可以有效减少交通事故,提高交通效率。

(3) 技术风险评估与应对。技术创新往往伴随着不确定性和风险。因此,在推进创新发明的过程中,我们必须高度重视技术风险评估与应对工作。评估技术风险并制定应对措施主要包括以下三个方面。

① 识别风险源:全面梳理在技术创新的过程中可能遇到的各种风险源,包括技术成熟度、市场需求变化、政策法规调整等。

② 量化风险评估:采用科学的方法对识别出的风险进行量化评估,确定其发生的概率和影响程度。

③ 制定应对策略:针对不同类型和等级的风险制定相应的应对策略和预案,确保在风险发生时能够迅速响应并有效应对。

与此同时,技术创新必须强调技术安全与创新伦理。在技术创新的过程中必须严格遵守安全规范、确保技术应用的安全性和稳定性;同时,必须坚持科技创新的伦理底线、尊重知识产权、保护用户隐私等基本原则,促进科技与社会的和谐共生。

(二) 资源整合与利用

在创新发明的过程中,资源的有效整合与利用是确保项目顺利推进并实现预期目标的关键所在。本节将从资金链与融资渠道、人才团队与智力资源、外部合作与资源整合三个方面进行详细探讨。

(1) 资金链与融资渠道。创新发明项目通常伴随着高投入、高风险和长周期的特点,因此,资金链的稳定与充足至关重要。在项目初期,研发投入、市场调研、原型制作等均需要大量资金;进入中后期,产品测试、市场推广、产能扩张等同样需要持续的资金支持。因此,对资金需求进行科学合理的预测和规划是项目成功的首要任务。通常,可以通过以下渠道进行融资。

① 政府资助:政府为鼓励科技创新,通常会设立专项基金或提供税收优惠、贷款贴息等政策支持。企业应积极了解并申请相关政策支持,以减轻资金压力。

② 风险投资：风险投资机构专注于具有高增长潜力的创新项目，通过提供资金和资源支持，帮助企业快速成长。企业应准备详尽的商业计划书，展示项目的市场前景、技术壁垒、团队实力等，以吸引风险投资。

③ 银行贷款：传统银行贷款仍是企业融资的重要渠道之一。企业可根据项目需求选择合适的贷款产品，如科技贷款、信用贷款等，并优化财务报表，提高信用评级，以争取更有利的贷款条件。

④ 股权融资：通过发行股票或引入战略投资者，企业可以筹集到大量资金，并共享未来的收益。股权融资有助于增强企业的资本实力，但也可能带来股权稀释等风险。

⑤ 众筹：随着互联网金融的发展，众筹已成为一种新兴的融资方式。企业可以通过众筹平台向公众展示项目创意，吸引小额资金支持。众筹不仅可以筹集资金，还能起到宣传推广的作用。

(2) 人才团队与智力资源。人才团队是创新发明的核心驱动力。一个高效且专业的团队能够迅速捕捉市场机会，突破技术难题，推动项目快速发展。团队成员之间的知识互补、经验共享和协同合作是项目成功的关键。组建一个高效创新团队，需要注意以下几个方面。

① 明确团队目标：在组建团队之初，应明确项目的目标和愿景，确保每位成员都理解并认同团队的方向。

② 选拔优秀人才：根据项目需求，选拔具有相关专业背景、丰富实践经验和高度责任感的优秀人才加入团队。同时，注重团队成员的多样性和互补性。

③ 建立激励机制：通过制定合理的薪酬制度、晋升机制和股权激励等措施，激发团队成员的积极性和创造力。同时，营造开放且包容的工作氛围，鼓励团队成员之间的交流和合作。

④ 持续培训与学习：创新是一个不断学习和进步的过程。组织部门应定期组织培训和学习活动，提升团队成员的专业技能和综合素质。同时，鼓励团队成员关注行业动态和技术前沿，保持敏锐的洞察力。

(3) 外部合作与资源整合。在创新发明的过程中，外部合作是获取资源、降低风险、加速发展的重要途径。通过与高校、科研机构、上下游企业等建立合作关系，企业可以共享资源、优势互补、共同应对市场挑战。进行合作与资源整合，主要有以下几种有效模式。

① 产学研合作：与高校和科研机构建立紧密的合作关系，共同开展技术研发和人才培养。通过产学研合作，企业不仅可以获取前沿的技术成果和人才支持，还能降低研发成本和风险。

② 供应链合作：与上下游企业建立稳定的供应链合作关系，确保原材料供应和产品销售的稳定。通过供应链合作，企业可以优化资源配置、降低运营成本、提高市场竞争力。

③ 战略联盟：与具有相同或相似战略目标的企业建立战略联盟关系，共同开拓市场、共享资源、实现互利共赢。战略联盟有助于企业扩大市场份额、提升品牌影响力、增强抗风险能力。

④ 开放创新平台：利用开放创新平台吸引外部创新资源参与项目研发。通过设立创新大赛、众包平台等方式，吸引广大创新者提出创意和解决方案，从中筛选出优秀项目进行孵化和推广。

(三) 技术实现路径与项目管理

在创新发明的实践中，技术实现路径的清晰规划与高效的项目管理是推动项目从概念到产品转化的重要保障。本节将从技术路线规划与选择、项目管理与进度控制、知识产权保护与策略三个方面进行深入探讨。

(1) 技术路线规划与选择。技术路线规划决定了创新发明项目的技术方向和实现路径。在规划技术路线时，应遵循以下原则。

① 市场需求导向原则：技术路线应紧密围绕市场需求，确保所开发的产品或服务能够满足用户的实际需求。

② 技术可行性原则：评估所选技术路线的可行性，包括技术成熟度、资源投入、时间成本等因素。

③ 竞争优势原则：选择能够形成竞争优势的技术路线，确保项目在市场中具有独特的竞争力。

规划技术路线的方法通常包括以下几种。

① 文献调研法：通过查阅相关领域的文献资料，了解技术发展现状和趋势。

② 专家咨询法：邀请行业专家进行技术咨询，获取专业意见和建议。

③ 技术评估法：对备选技术路线进行全面评估，包括技术性能、成本效益、市场前景等方面。

在选定技术路线之前，应对多种可能的方案进行优缺点分析。例如，传统技术路线具有成熟稳定、易于实施等优点，但可能面临创新性不足、市场竞争力下降等风险。新兴技术路线具有创新性强、市场潜力大等优点，但可能面临技术不确定性高、研发投入大等挑战。所以，应该通过分析不同技术路线的优缺点，结合项目实际情况和市场需求，选择最适合的创新发明技术路线。

(2) 项目管理与进度控制。项目管理是创新发明过程中不可或缺的一部分，它涉及项目规划、执行、监控和收尾等多个阶段。在创新发明项目中，项目管理的作用主要体现在以下几个方面。

① 明确目标：通过项目管理，可以明确项目的目标、范围和预期成果，为项目团队提供清晰的方向。

② 优化资源：项目管理有助于优化资源配置，确保项目所需的人力、物力、财力等资源得到合理分配和使用。

③ 控制风险：通过项目监控和风险管理，及时发现和解决项目中的问题，降低项目失败的风险。

进度控制是项目管理的重要内容之一。为了确保项目按计划进行，需要制定详细的进度计划，并定期对项目进度进行监控和调整。同时，还应制定风险管理策略，以应对可能出现的风险和挑战。风险管理策略通常包括以下几个方面。

① 风险识别：通过定期的风险评估会议、专家咨询等方式，识别项目可能面临的风险。

② 风险评估：对识别出的风险进行定量或定性评估，确定其可能性和影响程度。

③ 风险应对：针对评估结果，制定相应的风险应对措施，如风险规避、减轻、转移或接受。

④ 风险监控：在项目执行的过程中，持续监控风险状况，及时调整风险管理策略。

(3) 知识产权保护与策略。知识产权是创新发明的核心成果之一，对保护企业的创新成果、维护市场秩序具有重要意义。在创新发明的过程中，应高度重视知识产权的保护工作，确保项目成果的合法性和独占性。

在创新发明取得阶段性成果时，应及时申请相关的知识产权，如专利权、商标权、著作权等。在申请过程中，应注意完善申请材料，遵循法定程序，确保申请的成功率。同时，需要制定全面的知识产权保护策略，包括加强内部管理、增强员工知识产权保护意识、建立知识产权预警机制等。此外，还应积极应对侵权行为，采取法律手段维护自身权益。在保护知识产权的基础上，还应积极探索知识产权的运营模式，如知识产权转让、许可、质押等，以实现知识产权的价值最大化。

通过本章的学习，我们深入理解了创新发明的核心概念、分类体系、重要作用，以及创新发明的研究与开发、关键要素等重要内容。从创意的萌芽到市场的应用，创新发明的每一步都凝聚着人类的智慧与汗水，我们在享受创新成果带来的便利与福祉的同时，也应充分意识到知识产权保护的重要性。在接下来的章节中，将进一步探索专利申请方面的相关知识，以便对创新成果价值进行科学认定与有效保护。

复习思考题

1. 创新发明的定义与本质是什么？请举例说明一个现代创新发明，并分析其如何体现创新发明的本质特征。

2. 阐述创造性与技术革新之间的内在联系，并讨论在创新发明的过程中，如何平衡创造性与技术可行性的关系。

3. 创新发明对社会的深远影响体现在哪些方面？请分别从经济、社会和文化三个角度进行阐述，并举例说明。

4. 在创新发明的分类体系中，产品发明、方法发明和应用发明各有何特点？请分别举例说明，并讨论它们在实际应用中的价值。

5. 分析当前创新发明的趋势，并预测未来创新发明可能的发展方向。你认为哪些因素将推动这些趋势的形成和发展？

6. 在项目管理中，进度控制与风险管理的重要性体现在哪里？请结合创新发明项目的特点，讨论如何制定有效的进度控制计划和风险管理策略。

7. 知识产权保护对创新发明的重要性是什么？请举例说明在创新发明的过程中，如何制定并执行有效的知识产权保护策略。

8. 跨学科、跨领域的协同创新如何推动创新发明的发展？请分析一个成功的跨学科创新发明案例，并讨论其成功的关键因素。

9. 在绿色、低碳、可持续等环保理念日益受到重视的背景下，创新发明应如何融入这些理念？请提出几点具体的建议或策略。

10. 你认为在培养个人或团队的创新能力方面，有哪些关键因素或方法？请结合创新发明的基础知识，谈谈你的看法。

第三章
专利类型与申请实务

在当今社会，申请专利已经成为备受关注的重要事项，许多人已经成功申请了专利。根据《中华人民共和国专利法》，专利申请人不受国籍、年龄、学历的限制，任何自然人均可申请。包括小学生、中学生、大学生和研究生在内的在校学生也可以申请专利，并享受费用减免政策。此外，专利可以由多位发明人共享，发明人名单中的第一位通常被视为主要发明人。然而，申请专利并非易事，需要具备一定的技术和法律知识，还需要进行专利检索、撰写申请文件等复杂工作。因此，建议申请人在申请前深入了解相关知识，并积极寻求专业机构或律师的指导。同时，申请专利涉及一定费用，需要考虑个人的经济承受能力。

第一节 专利的类型与特点

《中华人民共和国专利法》规定专利分为三种类型，分别是发明专利、实用新型专利和外观设计专利。

一、发明专利

发明专利在三种类型的专利中被认为是最重要的一种。许多机构，如大学、科研院所和公司，都高度重视发明专利，并希望能够多申请和获得授权。我们主张申请与公司或个人的研究、开发方向一致的专利，这将极大地促进工作进展。如果专利内容与研发方向不符，那么也可以考虑申请，可将其视为对未来的一种投资，在未来可能会发挥作用。

(一) 发明专利介绍

根据《中华人民共和国专利法》规定，发明专利是针对产品、方法或其改进所提出的新技术方案的一种保护形式。在申请发明专利时，需要满足一些关键要素，其中"技术"要素是核心，即所申请的内容必须属于技术范畴，且具备技术上的创新性和实用性。如果所涉及的内容不属于通常理解的"技术"，那么将无法申请发明专利，因为《中华人民共和国专利法》对此并未提供授权。以篮球运动为例，无论篮球运动中的"技巧"多高超，也无法构成技术方案。因此，"篮球技术"并不符合发明专利的范畴，科比·布莱恩特的任何动作都无法申请专利。

(1) 发明专利与自然科学领域密切相关。发明专利主要聚焦于某一技术领域内通过智力劳动所取得的具有实用性价值的创新成果。这种创新成果可以是产品发明，也可以是方法发明。产品发明通常指的是经过研发得到的新产品，如新的机器、设备、仪器、工具等；而方法发明则是指制造某种产品或者应用某种产品的新的工艺、流程、步骤等。

需要注意的是，文学、艺术和社会科学领域的成果由于其非技术特性，无法构成《中华人民共和国专利法》所规定的发明专利，这些领域的创新成果通常通过著作权、商标等其他法律形式进行保护。

(2) 申请发明专利的三个核心要求包括新颖性、创造性和实用性。新颖性是指所申请的技术方案在申请日之前未被公开披露过，无论是在国内外出版物上的公开发表，还是在国内外的公开使用或其他公众所知的方式；创造性则要求该技术方案相对于现有技术具有显著的进步，能够带来积极的技术效果；实用性则强调该技术方案能够在产业中得到实际应用，具有实际的经济价值和社会意义。

根据《中华人民共和国专利法》规定，创造性是指同申请日以前已有的技术相比，该发明有突出的实质性特点和显著的进步。它必须通过创造性思维活动才能获得，而不是现有技术通过简单地分析、归纳、推理就能自然获得的结果，也不是该领域的常规技术。即使具有创造性，若创造性不足，也难以构成这类发明。例如，"火烤羊肉串"被认为会产生致癌物质，不属于健康食品。如果我们使用电力来进行烧烤，那么是否可以构成一项发明呢？实际上，这种技术方案并未在该领域实现实质性和显著性的进步，因此不能构成一项发明。然而，在电烤羊肉串出现之前，这种技术方案确实具有新颖性。

因此，新颖性并不等同于创造性，前者考验的是思维的灵活性，而后者考验的是对知识的掌握程度。

产品具有实用性，是发明专利的第三个关键要素。产品是指能够提供市场，被人们使用和消费，并且能满足人们某种需求的任何物品，包括有形的物品、无形的服务、组织、观念或它们的组合。因此，只有具备实用性的产品，人们才愿意花钱购买。例如，某人突然想出了一个创意，设计出一个名为"棒棒糖笔"的产品，该产品的一端是铅笔，另一端是棒棒糖。其创意据称可以让孩子在写作业的时候一边吃糖一边写，增加趣味性。然而，家长们对这个创意持有不同的意见。从家长的角度来看，"棒棒糖笔"被视为不符合实用性要求，因为它可能会增加家长们的负担，而不是满足他们的需求。虽然这个创意具有一定的新颖性，但是它的实用性不足，因此不适合申请发明专利。

在申请发明专利时，申请人需明确其技术范畴，并确保所申请的内容符合《中华人民共和国专利法》的相关规定。由于发明专利的授权难度较大，审查周期较长，申请人应进行充分的调研和准备，确保所申请的技术方案具备足够的新颖性、创造性和实用性。

(3) 大学是发明专利的高产地。专利主要涉及自然科学领域的成果，其中发明专利最具挑战性。对于非自然科学领域的专业人士而言，如金融、外语、管理等领域，想要申请一项发明专利具有较高难度，主要困难在于创造性。即使是自然科学领域的专业人士，可能也难以找到合适的切入点。因此，对于想要申请发明专利并希望快速入门的人而言，关键在于扎实的专业基础。简而言之，就是要"学得好"。

那么，大学为什么是发明专利的高产地呢？这主要是因为大学作为科研和学术的重要基地，拥有丰富的专业人才和科研资源。大学的专业教师凭借深厚的专业背景和丰富的科研经验，能够针对某一技术领域开展深入研究和开发，产出具有新颖性和实用性的技术成果。这些技术成果通过申请发明专利得到保护，不仅能为大学带来经济效益，更能推动科技进步和社会发展。

(二) 发明专利的重要作用

在科技飞速发展的时代，发明专利已成为推动社会进步的重要力量。它们不仅代表了人类对自然世界深入理解的结晶，更是技术突破和创新的直接体现。下面将通过宁德时代在电池技术方面的创新，来进一步展现发明专利的重要性和影响力。

在当今新能源汽车迅速发展的时代，电池作为新能源汽车的核心部件，其性能与安全性直接关系到整个行业的健康与可持续发展。宁德时代作为全球领先的电池制造商，其电池发明专利不仅推动了电池技术的革新，更在新能源汽车行业中产生了深远的影响力，充分展现了发明专利的重要性和价值。

(1) 技术突破：引领电池行业新潮流。宁德时代的电池发明专利涵盖了电池结构、材料、制造工艺等多个方面，这些方面的创新不断推动电池技术的突破。例如，宁德时代的CTP(Cell To Pack)技术，通过将电芯直接集成到电池包中，大幅提升了电池的能量密度和安全性，成为电池技术发展的重要里程碑。此外，宁德时代在电池材料方面的创新，如高镍材料、硅基材料等，也极大地提升了电池的性能和寿命。

(2) 产业影响：推动新能源汽车产业升级。宁德时代的电池发明专利不仅促进了电池技术的进步，更推动了整个新能源汽车产业的升级。随着电池性能的提升和成本的降低，新能源汽车在续航里程、安全性、可靠性等方面都得到了显著提升，从而吸引了更多消费者的关注和购买。同时，宁德时代的电池技术也为新能源汽车的智能化、网联化等发展提供了有力支持，推动了整个产业的转型升级。

(3) 社会影响：助力绿色出行和可持续发展。宁德时代的电池发明专利不仅在产业内产生了深远影响，更在全社会范围内产生了积极的社会影响。随着新能源汽车的普及和应用，人们的出行方式正在发生深刻变革，绿色、低碳、环保的出行方式逐渐成为主流。

宁德时代的电池发明专利充分展现了发明专利的重要性和影响力。这些创新技术不仅推动了电池技术的革新和新能源汽车产业的升级，还促使绿色出行和可持续发展的理念深入人心。未来，随着科技的不断进步和市场的不断发展，我们有理由相信，宁德时代的电池技术将继续引领新能源汽车行业的发展潮流，为人类社会的可持续发展做出更大的贡献。

二、实用新型专利

实用新型专利作为专利体系中的一种重要形式，其申请对象主要聚焦于具有实际应用价值且可以直接被感官察觉的产品。这种类型的专利强调的不仅是产品的创新性，更在于其实际的可操作性和可感知性。

(一) 实用新型专利的核心特点

(1) 实际应用价值：实用新型专利所保护的产品必须具有实际应用价值，即能够在现实生产或生活中得到使用。

(2) 直接感受感知：与发明专利不同，实用新型专利更侧重于产品的形态、结构或组合方式等可以直接被感官感知的特征。

(3) 技术方案：其申请重点在于产品的技术方案，这是区别于其他专利类型的关键要素。

(4) 不适用于方法申请：实用新型专利的定义中明确指出，它不涉及方法的实施。这意味着，如果某项创新主要体现在过程或方法上，那么它就不适合申请实用新型专利。相反，对方法的保护应当考虑其他专利形式，如发明专利。

(二) 实用新型专利与发明专利的区别

实用新型专利和发明专利的区别主要体现在以下几方面。

(1) 保护范围不同。实用新型专利只涉及产品的形状和构造，其保护范围比发明专利窄，只有发明专利才能保护方法类发明。实用新型专利的保护期限为 10 年，发明专利的保护期限为 20 年，均从申请日开始计算。

(2) 创造性要求不同。在专利的创造性审查过程中，发明专利需要具备"突出的实质性特点和显著的进步"，而实用新型专利只需具备"实质性特点和进步"。因此，实用新型专利又被称为"小发明"或"小专利"。

(3) 审批程序不同。《中华人民共和国专利法》规定实用新型专利的申请有简化的审批程序，只进行初步审查，而发明专利除了初步形式审查，还需要进行实质审查。

(4) 审查周期不同。实用新型专利的审查周期一般为几个月至一年，而发明专利则需一年半甚至两年以上，由于发明专利的技术领域更广泛，因此不同技术领域的审查周期差别较大，部分技术领域可能需要 2~3 年甚至更长时间。

(5) "三性"要求不同。实用新型专利的授权条件也是"三性"，即新颖性、创造性和实用性，但其要求比发明专利略低。然而，需要特别强调的是，尽管实用新型专利并不进行实质审查，但是审查员仍会对其"三性"进行初步审查，以确保其具备新颖性、创造性和实用性。

(三) 对实用新型专利的评价

对实用新型专利的评价是一个类似于实质审查的过程，这一过程主要用于评估专利的新颖性、创造性和实用性。

在评价实用新型专利时，主要重点关注以下几个方面。

(1) 新颖性：评价实用新型专利是否具有新颖性，即该专利是否在其申请日之前未被公开，也不存在与其相同或相近的现有技术。

(2) 创造性：评估该实用新型专利相对于现有技术是否具有显著的进步和实质性的特点，即是否具有创造性。

(3) 实用性：判断该实用新型专利是否具有实用性，即是否能够在工业上得到实际应用，并产生积极的经济效益或社会效益。

此外，还会对专利的技术方案、具体实施方式、技术效果等进行全面评估，以确定其是否符合实用新型专利的授权标准。需要注意的是，虽然授权前不强制要求进行实质审查，但专利权人在行使专利权时，仍需确保其专利的有效性。如果专利被他人提出无效宣告请求并被宣告无效，那么专利权人将失去其专利权。因此，建议专利权人在申请实用新型专利之前，自行进行初步的新颖性、创造性和实用性评估，以提高专利的授权成功率和质量。同时，在授权后也应密切关注市场动态和技术发展，及时维护其专利权的有效性。

(四) 高重复率的实用新型专利是否有效

在专利审查的实践中，存在大量具有相似性的专利申请。这些专利可能因为微小的技术差异、申请时间、审查员的主观判断或其他因素而获得授权。然而，这并不意味着所有类似的专利都是有效和可执行的。

如果从国家知识产权局的专利数据库中检索一项实用新型专利，并将其原封不动地再次申请，将会发生什么呢？根据目前的审核程序，高重复率的专利将不会被授权。那么，以前有被授权的先例吗？为了验证这一点，作者在国家知识产权局的专利搜索引擎中检索了几种常见物品的专利，让我们一起来查看结果。

通过专利检索引擎检索"一次性茶杯"，会发现数据库里充斥着类似的专利，共有173个结果，作者挑选了其中五个(文字均引用自相关专利的公开文本)为例。

第一项专利的申请号是CN201520840139.7，申请日是2015年10月27日。以下是专利原文。

摘要：本实用新型涉及一种一次性方便泡茶杯，包括杯体，所述杯体内的中下部固定设有过滤膜，所述过滤膜与杯底之间形成有空腔，所述空腔内容置有泡制品，所述杯体与过滤膜的材质均为PLA纤维，所述杯体的杯口处设有外翻凸沿，防止茶水流出，以方便饮用。本实用新型的有益效果为：本实用新型的一次性方便泡茶杯的滤网隔膜有效隔离了茶叶渣等，使茶水更清澈，避免了茶水中漂浮茶叶的问题，方便饮用；采用PLA纤维材质确保茶水无毒、无异味、健康环保卫生的功效，饮用口感更好；结构简单，实用方便。

该项专利授权公告日是2016年8月17日，但因未缴年费，专利权终止，终止日期是2021年10月27日。

第二项专利的申请号是CN201521060351.8，申请日是2015年12月17日。以下是专利原文。

摘要：本实用新型公开了一次性简易茶杯，包括相匹配的杯体和杯盖，所述杯体内固定设置有纤维滤网隔膜，所述纤维滤网隔膜与杯底和杯壁形成空腔，所述空腔内置有茶叶，所述杯体开口环绕设有密封圈，所述杯盖与杯体可拆分连接，所述杯盖由盖体、杯壁夹和翻盖连接结构，所述盖体对应所述密封圈环绕设有环形凹槽，所述杯壁夹通过翻盖连接结构固定连接在盖体的一端，所述杯壁夹夹持在所述杯体的杯壁上。本实用新型泡茶更加简单方便快捷，只需要向杯中倒入开水即可饮，杯体内设置有纤维滤网隔膜，喝茶更舒心，具有灵活简易、使用方便、保温防尘等优点。

该项专利授权公告日是2016年6月8日，预计失效日是2025年12月17日。

第三项专利的申请号是CN200820200370.X，申请日是2008年9月11日。以下是专利原文。

摘要：一次性茶杯，包括杯体，在杯体内腔距杯底一定高度固定有一层过滤网，在过滤网、杯体内侧壁和杯底形成的隔腔内放置有一些茶叶。本实用新型的一次性茶杯，具有使用方便、茶叶不易受潮变质、泡茶时不需投放茶叶、饮用时茶叶不会进入口中的优点。

该项专利授权公告日是2009年7月22日，但因未缴年费，专利权终止，终止日期是2012年9月11日。

第四项专利的申请号是CN200720075085.5，申请日是2007年9月28日。以下是专利原文。

摘要：本实用新型提出一种新型的一次性茶杯，将茶叶预先放置在茶杯的底部，使用时直接向杯子中倒入热水就可饮用，使用完后直接将杯子扔掉即可。本实用新型的实现方式如下：一种一次性茶杯，底部具有一茶叶存储腔，存储腔开口覆盖有一密封膜，该密封膜是能移除的密封膜。本实用新型将茶叶直接放置在一次性茶杯中，进一步提高了使用的方便性。

该项专利授权公告日是2008年8月27日，但因未缴年费，专利权终止，终止日期是2010年3月17日。

第五项专利的申请号是CN201510458207.8，申请日是2015年7月30日。以下是专利原文。

摘要：一种配有茶叶的一次性茶杯。其中包括：该茶杯是由一次性纸杯、茶叶、过滤纸组成；其中，茶叶是放置在一次性纸杯的杯底，而过滤纸是布局黏附于一次性纸杯的杯底内壁上并将茶叶完全封闭起来。本发明的结构新颖独特，设计科学合理。应用过程中是将茶叶完全封闭起来，泡茶时不会漂浮到茶水上面，人们品茶时可随心所欲。而且在应用过程，一添加开水即可泡出一杯茶水来，十分方便而且快捷。非常适合于公务、商务接待、家庭待客等应用。本发明应用时既方便实用，而且又干净、卫生。同时，成品茶杯制作成本低，应用范围广，市场前景非常好。

该项专利申请公布日是2015年11月25日，但发明专利申请公布后被视为撤回，撤回日期是2017年6月9日。

通过阅读以上摘要，我们可以发现这些专利在内容上具有一定的相似性。这些专利能够获得授权，主要是因为缺乏实质审查。关于专利有效性的问题，对作者而言难以给出明确回答。首先，作者无法确定是哪位发明人首先提出了这个方案并申请了专利。其次，作者也无法针对特定的专利进行专利评价报告的请求，只有经过评价报告才能得出专利的有效性。在没有评价报告的情况下，所有的结论都只是猜测。专利的有效性取决于多个因素，包括其是否符合专利法的要求、是否存在在先的抵触申请、是否已经被无效宣告等。要确定一个专利是否有效，通常需要进行详细的专利检索和分析，甚至可能需要请求专利评价报告或进行法律诉讼。

三、外观设计专利

外观设计专利是指对产品的形状、图案或其结合以及色彩与形状、图案的结合所做出的富有美感并适于工业应用的新设计进行保护。具体而言，外观设计专利适用于批量生产的产品外观。

外观设计专利的核心在于保护产品的独特视觉特征，这些特征可以包括形状、图案、色彩或它们的组合。这些特征必须是新颖的、非显而易见的，并且具有工业实用性。通过授予外观设计专利可以鼓励创新者设计更独特、更有吸引力的产品，同时也为消费者提供更多样化的选择。

(一) "美感"的定义与理解

在外观设计专利中，"美感"是一个主观且相对的概念。它不仅仅局限于传统意义上的"美"或"丑"，而是指一种能够引起人们注意、满足人们审美需求的设计特质。这种美感因人而异，因为每个人的审美观念和文化背景都不同。

通过专利搜索引擎检索"脸谱"，可以搜到一项外观设计专利，申请号是CN201830077013.8，名称为吸顶灯(脸谱)。其摘要描述如下。

摘要：1.外观设计名称：吸顶灯(脸谱)。2.产品用途：用于照明。3.设计要点：在于产品的形状、图案以及结合。4.指定图：主视图。该外观专利的主视图如图3-1所示。

图3-1 吸顶灯主视图设计图样

该产品是一款吸顶灯，若将其安装在卧室内，可能会在睡眠时给人一种被注视的感觉，从而降低其美感。美感是因人而异的，对于京剧爱好者而言，这款灯具可能具有极高的审美价值，因为它融合了传统文化元素和现代设计理念。因此，需要明确的是，"美感"并非仅仅指外观的美丑，而是一种更为综合的感受，请读者自行体会。

(二) 外观设计专利的授权与保护

(1) 外观设计专利的授权。外观设计专利的授权条件需要满足"三性"，即新颖性、实用性和美观性。需要注意的是，不是所有物品都可以申请外观设计专利，因为它保护的是产品，该产品必须能够通过工业方法生产，手工制品、农产品、畜产品和自然物等并不适用于外观设计专利的保护。通常情况下，产品的颜色不能单独构成外观设计，除非颜色本身的变化形成了一种图案。

(2) 外观设计专利的保护。外观设计专利的保护范围通常受限于其提交的专利申请文件中所描述的设计特征。因此，在评估一个外观设计专利的价值时，需要考虑该设计在市场上的接受程度。如果一款产品因其独特的外观设计而受到消费者的喜爱和追捧，那么该产品的外观设计专利就具有更高的商业价值。

外观设计专利的保护范围虽然涵盖了产品的形状、图案和色彩等视觉特征，但也存在一定的限制。例如，外观设计专利通常只保护产品的外观设计本身，而不涉及产品的功能、性能等方面。此外，外观设计专利的保护期限也相对较短，通常为 10 年左右。因此，在申请外观设计专利时，需要仔细考虑其保护范围和保护期限，以确保其能够有效地保护创新者的权益。

总之，外观设计专利是保护产品独特视觉特征的重要手段之一。在申请外观设计专利时，需要充分理解"美感"这一主观概念，并考虑其在市场上的接受程度。

第二节　专利申请注意事项

我们可以根据自己的创意和发明想法申请各种类型的专利，包括发明专利、实用新型专利和外观设计专利。然而，专利申请并非仅关注申请数量，更重要的是保证自己的创意严格遵循《中华人民共和国专利法》的相关规定，且兼顾创新性及实用性。

一、申请专利的相关注意事项

(一) 确保专利申请符合《中华人民共和国专利法》规定

在申请专利之前，首先必须了解并遵守《中华人民共和国专利法》的相关规定。这包括了解专利的定义、类型(如发明专利、实用新型专利和外观设计专利)、申请条件、审查标准等。此外，还需要注意避免侵犯他人的专利权，确保自己的申请不与已有的专利相冲突。

(二) 提升专利申请的新颖性、创造性和实用性

(1) 深入研究相关技术领域：了解该领域的技术现状和发展趋势，有助于确定自己的创意在现有技术中的位置。查阅相关的专利文献，了解已有专利的保护范围和技术特点。

(2) 在现有技术的基础上进行创新：在深入研究的基础上，发现现有技术的不足之处，并提出改进方案。创新不一定需要是颠覆性的，有时微小的改进也能带来显著的效果。

(3) 跨领域创新：尝试融合不同领域的知识和技术，创造出全新的解决方案。这种跨领域的创新往往能带来意想不到的效果，并提升专利的新颖性和实用性。

(4) 提出具有实际应用价值的创新方案：创新方案应该能够解决实际问题，并具有一定的市场前景。在申请的过程中，可以提供相关的实验数据、用户反馈等，证明创新方案具有实际应用价值。

(三) 其他注意事项

(1) 选择合适的专利类型：根据创意和技术特点，选择合适的专利类型进行申请。例如，如果创意主要涉及产品的形状、图案或色彩，那么外观设计专利更合适；如果创意涉及产品的结构或方法，那么发明专利或实用新型专利更合适。

(2) 寻求专业帮助：在申请专利的过程中，寻求专业的专利代理人或律师的帮助可以显著提高申请的成功率。他们可以帮助申请人了解《中华人民共和国专利法》的规定，评估申请人的创意是否具备申请条件，并提供专业的申请建议。

(3) 保护自己的创意：在申请专利之前，尽量对自己的创意进行保密，避免被他人窃取或泄露。在与他人讨论或展示自己的创意时，可以签订保密协议或采取其他保密措施来保护自己的权益。

二、专利不能被授权的几种情况

在申请专利时，首先应清楚了解《中华人民共和国专利法》不支持的对象，部分类型的对象即便提交申请并且具备"三性"，也不能被授权。那么，哪些类型的专利是不能被授权的呢？

(一) 违反法律、社会公德或妨害公共利益的发明创造都不能被授予专利

针对如赌博设备、吸毒器具及伪造货币设备等对社会造成危害的创新发明，法律明文禁止并严厉打击，此类发明无法从《中华人民共和国专利法》中获取支持与保护。至于那些涉及暴力凶杀或伤害民族情感的外观设计，如"致命毒药"或"某类吸毒器具"等，因其触犯了社会道德底线，同样无法得到《中华人民共和国专利法》的认可和保护。

通过专利搜索引擎检索"毒药"，可以发现大多数相关专利均为"解毒药"，该类药品是可以申请专利的，至少在我国，这类药品受到了《中华人民共和国专利法》的保护。进一步搜索"吸毒"，结果令人震惊，竟然存在大量以此为关键词的专利。其中最引人注目的一项名为"一种吸毒器"，申请号是 CN201711388540.1，申请日是 2017 年 12 月 21 日，申请公布日是 2019 年 6 月 28 日。

摘要：本发明公开了一种吸毒器，属于医疗卫生器械技术领域；本发明解决了现有的卫生吸毒器结构复杂、单手实施不易且适用范围狭窄的问题；本发明的技术方案为：一种吸毒器，包括前端面开有通孔的内空直通式圆柱形筒体、置于筒体内的活塞杆以及与筒体末端相连的后盖，在筒体上沿筒体末端向中部轴向开设有横向贯穿筒体的条形缺口，活塞杆末端设有横向贯穿筒体并能在条形缺口内轴向移动的柄把，筒体前端部设有与通孔同轴相通的吸嘴；本发明的有益效果为：能快速将毒液从体内吸出，防止皮肤感染、中毒过深而危及生命，其结构简单，能单手操作，适用范围广，可重复使用，寿命长。

在阅读完相关内容后，会发现原来这是一种能够将体内毒液向外吸出的器具，与想象中的"吸毒器"有着本质区别。

(二) 科学发现不能被授予专利

科学发现是对自然界中客观存在的现象、变化过程及其特性和规律的揭示，它们本身是客观存在的，不依赖于人类的认知。因此，科学发现本身不能被申请为专利。下面将以具体事例来具体说明科学发现为什么不能被授予专利。

腾讯网 2019 年 4 月 10 日的文章《人类首次直接拍摄到黑洞一文扫光你心中所有的困惑》报道如下。

北京时间 2019 年 4 月 10 日 21 时整，一场全球瞩目的新闻发布会在天文学界举行，这次发布会的主要议题是首次直接拍摄到黑洞的照片。这张照片的获得绝非易事，为了

实现这一壮举，来自世界各地的 8 个毫米/亚毫米波射电望远镜联合组成了一个名为"事件视界望远镜"(Event Horizon Telescope，EHT)的观测阵列，进行了数天的不间断观测。2017 年 4 月 5 日起，这 8 座射电望远镜开始了一项为期数天的联合观测任务，之后的两年时间里，天文学家们对所获取的数据进行了深入分析，最终成功地拍摄到了黑洞的真实照片。这颗黑洞位于代号为 M87 的星系中，距离地球 5500 万光年，其质量相当于 65 亿颗太阳。

值得一提的是，这一次我们是通过真正的观测结果获得了黑洞的图像。该观测结果是在著名理论物理学家基普·索恩的指导下完成的，他所提出的"弯曲时空理论"为我们成功拍摄黑洞照片提供了重要的理论依据。这张黑洞照片的发布，不仅验证了弯曲时空理论的正确性，也进一步深化了我们对黑洞本质的理解。这一发现也将对未来的天文学研究产生深远影响。

"黑洞"的照片是一个重要的科学发现，它提供了关于宇宙本质的直接证据，并验证了爱因斯坦的广义相对论中的"弯曲时空理论"。然而，这个发现本身并不能被授予专利。另一方面，虽然用于观测黑洞的仪器设备，如事件视界望远镜(EHT)在技术上具有创新性，但通常情况下，这些仪器设备不会被申请为专利。原因有以下几点。

(1) 科学研究工具往往是由多个研究机构或组织共同合作开发的，它们的目的是推动科学进步而非追求商业利益。

(2) 这些工具的设计、制造和使用往往涉及复杂的科学知识和技术，而这些知识和技术本身就具有高度的公开性和共享性。因此，即使有人试图申请专利，也可能因为缺乏新颖性或实用性而被拒绝。

(3) 科学研究工具的制造成本往往较高，而且需要高度的技术水平和专业知识才能使用和维护。因此，即使有人获得了专利，也可能因为无法将其商业化而失去实际意义。

总之，科学发现是全人类的共同财富，应该在全球范围内共享。因此，科研人员通常会通过发表论文、参加学术会议等方式将他们的研究成果公之于众，以促进科学知识的传播和进步。这也是为什么我们能够在最顶尖的期刊上看到关于这些科学发现的论文。

(三) 智力活动的规则和方法不能被授予专利

当讨论智力活动的规则和方法时，实际上是在探讨人类心智领域内的一系列非物质活动。这些活动涵盖了从逻辑推理、问题解决到艺术创造等多个方面，它们是人类文明进步的基石，但同时也是专利权体系中的一个特殊领域。专利权作为一种法律工具，旨在保护那些通过技术手段实现的创新和发明，而非纯粹的智力活动。

(1) 智力活动是一种精神层面的活动，它主要涉及人类对信息的处理、思考和判断。这种处理过程完全依赖于人的大脑，不需要任何物理或化学手段的支持。与此相反，专利权所保护的技术创新往往需要通过具体的设备、工艺或方法来实现，这些都需要借助物理世界的资源。

(2) 智力活动的规则和方法往往具有高度的抽象性和普适性。例如，象棋的规则不仅适用于中国，也适用于全世界；食谱中的烹饪技巧不仅适用于某个厨师，也适用于所有热爱烹饪的人。这种普遍性和通用性使得智力活动的规则和方法很难被特定化为某个人的创新成果。而专利权的本质在于保护创新者的特定贡献，使其在一定时间内享有独占权。

(3) 智力活动的规则和方法往往不涉及采用技术手段或遵守自然法则。在《中华人民共和国专利法》中，技术手段和自然法则通常被视为创新成果的基础。技术手段是指通过物理或化学手段实现某种功能或效果的方法；自然法则是指自然界中客观存在的规律。智力活动的规则和方法虽然也需要遵循一定的逻辑和规则，但这些规则往往是人为制定的，与自然法则和技术手段无关。

(4) 智力活动的规则和方法往往已经融入了人类社会的各个领域，成为人们日常生活中不可或缺的一部分。例如，交通规则确保了道路安全；乐谱为音乐创作提供了丰富的素材；食谱则丰富了人们的饮食文化。这些规则和方法已经成为公共知识的一部分，如果将其授予专利权，那么将会对公共利益造成损害。

综上所述，智力活动的规则和方法因其精神性、抽象性、普适性和非技术性等特点，不能被授予专利。这既符合《中华人民共和国专利法》的立法精神，也有利于保护公共利益和推动科技进步。

(四) 疾病的诊断和治疗方法不能被授予专利

在讨论疾病的诊断和治疗方法时，必须认识到这些技术或方法的特殊性和它们对人类健康的深远影响。这些方法通常直接应用于有生命的人体或动物，其目标是治疗疾病、恢复健康或提高生活质量。然而，正是由于这些特性，使得诊断和治疗方法在专利权体系中处于一个特殊的位置，即它们通常不能被授予专利。

(1) 诊断和治疗方法直接关联到人体健康。健康是每个人的基本权利，不应该被少数人独占或垄断。如果允许疾病的诊断和治疗方法被专利化，那么这些方法的使用可能会受到专利持有人的限制，导致患者无法获得及时且有效的治疗。这不仅违反了人权原则，也与医学伦理相悖。

(2) 诊断和治疗方法往往需要广泛的临床验证和实践经验。医学是一个不断发展和进步的领域，新的诊断和治疗方法往往需要经过长时间的临床试验和验证才能确保其安全性和有效性。如果允许这些方法被专利化，那么专利持有人可能会因为担心技术泄露而限制其临床应用的范围和速度，从而阻碍医学的发展。

(3) 诊断和治疗方法通常涉及多学科交叉的知识和技术。这些方法的开发和应用需要医学、生物学、化学、物理学等多个学科的专家共同合作。如果允许这些方法被专利化，那么可能会引发专利权的纠纷和冲突，影响不同学科之间的合作和交流。

(4) 诊断和治疗方法通常具有公共性质。这些方法一旦开发成功并经过验证，就应该被广泛地应用于临床实践，造福更多的患者。如果允许这些方法被专利化，那么可能会导致专利持有人为了追求商业利益而限制其应用范围或提高其使用成本，从而损害公共利益。

综上所述，由于诊断和治疗方法涉及人体健康、需要广泛的临床验证和实践经验、涉及多学科交叉的知识和技术以及具有公共性质等特点，它们通常不能被授予专利。这一规定不仅符合人权原则和医学伦理，也有利于推动医学的发展和进步，维护公共利益。

(五) 动物和植物品种不能被授予专利

在探讨动物和植物品种是否能被授予专利的问题时，需要先明确《中华人民共和国专利法》的基本宗旨和原则。专利法的核心在于鼓励创新，推动科技进步，保护发明人的合法权益。然而，这并不意味着所有的创新成果都可以被授予专利。特别是对动物和植物品种这类特殊的创新成果，专利法有着明确的规定和限制。

(1) 动物和植物品种是以生物学方法培养的动植物新品种。这些品种虽然经过人类的培育和优化，但它们的本质仍然是自然生成的，是生物进化的产物。与通过工业方法生产的物品不同，动物和植物品种无法用机器或化学方法大量复制或生产。这种自然生成的特点使得它们不具备《中华人民共和国专利法》意义上的创造性和实用性。

(2) 专利法强调的创新应当具有工业应用的前景。也就是说，创新成果必须能够在工业领域得到应用，产生实际的经济效益和社会效益。然而，动物和植物品种虽然对人类的生活和经济发展有着重要的影响，但它们本身并不具备直接的工业应用价值。它们更多的是作为一种资源或生态要素，为人类提供食物、纤维、药品等。

(3) 从伦理和道德的角度来看，动物和植物作为有生命的物体，应当受到尊重和保护。将它们作为专利对象进行独占和垄断，可能会引发一系列伦理和道德问题。例如，如果某个公司获得了某种珍稀植物的专利权，那么他们可能会限制该植物的种植和传播，导致该植物资源的枯竭和生态平衡的破坏。

(六) 无法被授权专利的其他情况

除了以上不能被授权专利的情况，还有一些其他的创新成果也不能被授予专利。例如，用原子核变换方法得到的物质，这类物质虽然具有创新性和实用性，但它们的生产过程涉及核反应等高风险活动，可能会对环境和人类健康造成严重影响。因此，这类物质也不符合专利法的要求。此外，无法用工业方法批量生产和复制的绘画作品、自然物品和农畜渔产品等也不能被授予专利。这些物品虽然具有独特的艺术价值或实用价值，但它们无法用工业方法进行复制和生产，因此不符合专利法的定义和要求。

综上所述，上述列举的其他创新成果都不能被授予专利。在申请专利时，我们应当避免涉及这些领域，以确保我们的创新成果符合专利法的要求和原则。

三、什么样的专利很难获得授权

除了上述《中华人民共和国专利法》不支持的情况，专利实际上和"创意"两个字的关系极其紧密。提出专利想法的过程，实际上就是"提出创意"的过程。一个优秀的专利必然源于一个好的想法或者创意，"天马行空"是实现创新的一种手段，但并不是最终目的。需要特别注意的是，"创意"并不等同于"创新"。创意是创新的初级阶段，它包括两个过程，一是创意的提出，即提出了一个"非常有创意"的想法；二是创意的判断，即判断这个想法是否具有专利点。

(一) 缺乏创意的专利很难获得授权

在创新的过程中，除了将想法转化为具体的技术方案并予以实现，创意的萌芽阶段同样至关重要。这一阶段被称为"创新的创意阶段"，它决定了创新能否在后续步骤中成功展开。在这个阶段，一个"好"的创意往往被视为成功的基石，但这里的"好"并非简单的正面评价，而是指其合理性和适用性。

一个"不合理"的创意，其目标或许并非负面，但由于种种原因，它可能并不适合当前的环境或技术条件。以丰田的老款车 AE86 为例，该车曾采用的翻盖车前大灯设计在当年无疑极具吸引力，甚至在后来的影视作品中也成为一种标志。然而，随着汽车设计和技术的发展，这种设计逐渐消失在市场的主流车型中。这并不是因为翻盖车灯的设计本身存在缺陷，而是因为它不再符合现代汽车设计的需求和审美趋势。这一点在专利搜索引擎中检索"翻盖车灯"关键词的结果中得到了印证，显示并没有相关的专利记录，这进一步证明了该创意及其产品已逐渐被时代所淘汰。

同样，在汽车领域还有一个自动安全带的例子。在 1975 年的大众高尔夫车型上，曾出现过一种自动系安全带的功能，即当驾驶者坐到主驾驶位置并关闭车门时，安全带会自动系好。这一设计的初衷是为了提高驾驶的便利性和安全性。然而，由于这种安全带只能固定上身而无法固定下肢，在事故发生时可能会增加驾驶者下肢受伤的风险，因此，尽管这一创意在便利性上有所创新，但由于安全性的不足，最终在 1995 年被停产。

这些案例都说明了在创新的创意阶段，除了追求新颖和独特，还需要考虑创意的合理性和实用性。一个合理的创意应该符合当前的技术条件、市场需求和社会价值观，同时还需要考虑到其可能带来的潜在风险和问题。只有这样，才能确保创新在后续步骤中能够成功实现，并为社会带来真正的价值。

(二) 缺乏实用性与商业价值的专利很难获得授权

在专利申请的过程中，实用性和商业价值是两个至关重要的考量因素。一个创新成果，无论其技术多么先进或独特，如果缺乏实用性和商业价值，那么它很难获得专利授权。这是因为专利制度的核心目标之一是鼓励创新，并通过保护创新成果来推动科技进步和经济发展。

(1) 实用性是专利授权的基本要求之一。实用性要求创新成果能够在实践中得到应用，并产生积极的效果。如果一个创新成果仅停留在理论阶段，无法在实际操作中使用，或者其使用效果并不显著，那么它就不具备实用性。例如，一项关于新型能源的理论研究，虽然其理论创新可能非常先进，但如果无法在实际应用中产生足够的能源或降低能源消耗，那么它就很难获得专利授权。

(2) 商业价值也是专利授权的重要考量因素。商业价值指的是创新成果在市场上可能带来的经济收益。一个创新成果即使具有实用性，但如果其市场需求有限，或者其生产成本过高，导致无法在市场上获得足够的利润，那么它也很难获得专利授权。专利制度鼓励的是那些能够带来实际经济效益的创新，因为只有这样的创新才能推动产业的发展和经济的增长。

在实际的专利申请过程中，专利审查机构会对申请的创新成果进行全面的评估，包括其实用性和商业价值。如果审查机构认为该创新成果缺乏实用性或商业价值，那么它就有可能被驳回申请。此外，即使创新成果获得了专利授权，如果其在实际应用中无法产生足够的经济收益，那么它也很难得到市场的认可和推广。

因此，对于创新者而言，在申请专利之前，需要对创新成果的实用性和商业价值进行充分的评估。创新者需要了解市场需求、竞争对手的情况以及潜在的技术风险等因素，以确保创新成果能够在实际应用中发挥积极的作用，并带来足够的经济收益。同时，创新者也需要关注专利制度的变化和趋势，以确保创新成果符合专利审查的要求和标准。

总之，缺乏实用性与商业价值的专利很难获得授权。创新者需要充分考虑创新成果的实用性和商业价值，并在申请专利之前进行充分的评估和准备。只有这样，他们才能确保创新成果能够得到有效的保护，并推动科技进步和经济发展。

第三节　专利的主要用途

专利作为一种重要的知识产权形式，扮演着至关重要的角色。它不仅是对创新成果的法律认可和保护，更是推动技术进步、促进经济增长的关键力量。然而，专利的获取也需要经历漫长的等待期——从几个月至一两年。大量人力、物力和财力在授权过程中被消耗，那么专利对申请人又具有怎样的价值？在接下来的内容中，我们将深入探讨专利职务发明的作用，重点介绍学生申请专利的用途，帮助读者能够更全面地了解专利与我们之间的紧密联系。

首先，我们需要理解一个概念——职务发明。从字面上看，似乎只有在特定单位工作的人，才有资格申请与其职业相关的专利。实际上，这一解释过于片面。

一、职务发明的作用

职务发明是指企业、事业单位、社会团体、国家机关等的工作人员执行本单位的任务或者主要是利用本单位的物质条件所完成的职务发明创造。

(一) 职务发明的界定与权益归属

职务发明作为《中华人民共和国专利法》中的一个重要概念，包含了两层含义。首先，它指的是在正常工作或执行单位任务时，所创造的与工作内容直接相关的专利。其次，它也涵盖了在单位提供工作条件(如实验室设备、研究资金等)下产生的专利成果。这两层含义并非必须同时满足，而是呈"或"的关系。

在专利的权属关系中，有两个核心概念需要明确，即发明人和申请人。发明人指的是对本专利做出实质性贡献的所有人，其排序往往反映了贡献的大小，其中首位发明人通常贡献最为显著。而申请人则可以是个人或单位，他们拥有申请专利的权利，并在专利授权后享有相应的专利权。

以张三为例，如果他基于个人生活中的小创意申请了一项专利，且发明人和申请人均为张三本人，那么这项专利便不属于职务发明。一旦专利获得授权，其专利权完全归属于张三，与他人无关。

然而，当张三在某大学任职期间，与同事共同在科研过程中申请了一项专利，此时情况便有所不同。若这项专利的内容与科研内容直接相关，且申请人为该大学，发明人为张三、李四等人，那么它便属于职务发明。在专利授权后，专利权将由发明人(张三、李四等)及其所在单位(大学)共同享有。虽然专利证书由发明人持有，但发明人及其单位均有权宣传和使用该专利及其证书。一旦发生专利纠纷，需要由发明人及其单位共同处理。若专利需要有偿转让，则所得经济收入也应由发明人及其单位共享。

那么，为何张三要与大学共享专利权呢？从表面上看，个人独自拥有专利权似乎更为理想，因为这意味着在专利转让时，所有经济收益都将归个人所有。然而，我们必须考虑到，张三的科研工作之所以能够顺利进行，离不开大学提供的场地、水电等物质条件。这些资源为张三的发明创造提供了必要的支持。因此，将这类专利归为职务发明，并由发明人及其单位共享专利权，是合理且公平的。

此外，如果张三在申请专利时，未将本应属于职务发明的专利归为单位所有，而是私自以个人名义申请，一旦学校发现，可能会根据学校的规章制度对张三进行处理。因为这不仅损害了学校的利益，也违背了职业道德和法律法规。因此，科研人员务必了解职务发明的界定和权益归属，以确保其在科研工作中能够遵循法律法规和道德规范。

以下是"某大学"对职务发明和专利权归属的规章制度，已将学校名隐去，简称为

"本校"。

凡是执行以本校名义获得的科研项目或学校资助的科研任务,或主要利用学校的物质技术条件完成,或与我校教师指导完成的论文(设计)、竞赛内容相关的发明专利,均属职务发明,其专利申请权与专利权均归本校所有。

发明专利的申请人和发明人原则上为本校职工、在校学生。

发明专利是学校的无形资产,不因发明人的退休、退职或工作调动、离站、毕业或其他方式而不再在学校工作或学习而转移。

若学校与发明人签署了专利归属协议,则专利的申请权与专利权应依据协议约定进行分配。若是学校与外部机构共同完成或接受外部机构的委托而取得的发明专利,则专利申请权和专利权的归属应根据双方协议的规定进行处理;若协议中未对此进行明确约定,则专利的申请权将属于共同完成或单独完成的机构,待专利申请被批准后,申请单位将成为专利权人。

在我校从事合作研究的访问学者、客座人员或合作培养的学生在校期间所完成发明专利的权利归属问题,有关单位应通过书面协议加以明确;无协议或约定不明确的,专利权归属学校。

(二) 职务发明中单位角色的重要性

职务发明作为一种特殊的创新成果,其诞生与实现离不开单位所提供的工作条件。设想如果没有单位提供的场地、水电、实验器材、仪器等物质条件,那么仅凭个人的能力很难提出并验证与专利内容相关的技术方案。因此,虽然单位并非直接参与研发的个体,但在整个科研过程中,它起到了不可或缺的参与和支撑作用。

在科研工作中,单位通常还会为科研人员提供科研资金,这极大地减轻了科研人员的经济压力,使他们能够更专注于研究本身,无须为科研花销而担忧。这种支持使得科研人员能够更加高效地进行实验和验证,从而推动创新成果的诞生。

因此,单位在职务发明中享有一部分专利权是合情合理的。这不仅是对单位投入资源的回报,也是对其在科研过程中发挥作用的认可。

(三) 职务发明的重要作用

申请职务发明不仅是对个人创新能力的认可,也是单位科研实力的一种体现,它能够为个人和单位发展带来多方面的优势。

(1) 职务发明是所在单位认可的重要支撑材料之一。在职称评聘、职务晋升等方面，职务发明往往被视为重要的加分项。例如，在大学环境中，职务发明可以作为硕士研究生导师资格申请的重要支撑材料，满足一定条件后，申请人便有机会成为硕士研究生导师，指导专业型硕士研究生。

此外，对职称评聘，如教学科研并重型副教授(副高职称)的评聘，职务发明也是重要的科研业绩要求之一。通过申请职务发明，科研人员可以展示自己的创新能力和科研实力，提升自己在职称评聘中的竞争力。

以下是"某大学"对教学科研并重型副教授(副高职称)的评聘科研业绩要求(需要具备以下条件之二)。

① 参与承担 1 项国家级教研科研项目(前 6 位)；或主持 1 项省部级教研科研项目；或任现职以来到校纵横向科研经费累计不少于 40 万元。

② 首位发表 1 篇被 SCI 收录的期刊论文，或首位发表 2 篇被 EI 收录的期刊论文，或首位发表 4 篇 SCD 源期刊论文。

③ 主编出版 1 部学术专著；或副主编编制 1 部普通高等教育国家级规划教材，或副主编编制本专业高水平教材并获省部级及以上教材奖；主持制定 1 项国家或地方标准；主持编写并以学校为第一单位报送的决策咨询报告获厅局级及以上主要领导(在党委、政府部门担任副厅局级及以上实职)肯定性批示，或首位取得 2 件发明专利、计算机软件登记著作权、集成电路布图设计专有权。

④ 获 1 项国家级教研科研奖励；或获 1 项教育部高校科学研究优秀成果奖；或获 1 项其他省部级成果奖、纳入全国学科评估中各学科指定科研获奖奖项(一等奖前 6 位、二等奖前 5 位、三等奖前 4 位)；或获 1 项教育厅高校科研成果奖(一等奖前 2 位、二等奖首位)。

如果已经拥有两件职务发明专利，那么即可满足要求③。只要在①②或④之间再选择完成一项，即可在科研业绩方面满足评聘副教授的条件。如果硬性要求和教学业绩也满足，则满足评聘副教授的基本条件，便有机会晋升为副教授。

(2) 职务发明是以单位为依托申请科研项目和评奖的重要材料。科研是一个不断发展的循环过程，每一步的进展都为下一步的探索奠定了坚实的基础。在这个过程中，科研人员需要利用已有的科研成果作为跳板，去申请更为深入、更为前沿的科研项目。在撰写科研项目申报书时，附上申请人的高水平论文、专利等支撑材料，无疑是向评审专家展示研究实力、证明研究能力的重要手段。

首先，这些支撑材料直观地展现申请人在特定研究领域的深度和广度。高水平论文的发表不仅意味着申请人对该领域有深入的理解，更展示了其独立进行科学研究的能力。而专利的获得则是对申请人创新能力和技术实力的直接认可。这些材料能够让评审专家快速了解申请人的研究背景和研究实力，从而对其提出的科研项目给予更多的信任和期待。

其次，这些支撑材料能够证明申请人具备完成该科研项目的能力。虽然大多数科研项目在申请时并未设立硬性的科研成果要求，但评审专家在评估申请人的能力时，往往会参考其过去的科研成果。一个拥有丰富科研成果的申请人，往往更有可能具备完成新科研项目所需的能力和资源。因此，附上这些支撑材料能够让评审专家更加确信申请人能够成功完成所申请的科研项目。

此外，这些支撑材料还能够提升申请项目的竞争力。在科研项目申请中，往往会有多个团队或个人竞争同一个项目。此时，除了项目的创新性和可行性，申请人的研究实力也是评审专家考虑的重要因素之一。附上高水平论文、专利等支撑材料，能够让申请人的申请项目在众多竞争者中脱颖而出，增加获得立项的机会。

(3) 职务发明是关系单位发展的重要支撑材料。职务发明同样对单位的发展具有深远的影响。单位通过鼓励和支持科研人员进行职务发明，不仅能够促进本单位科研水平的提升，还能够增强单位的整体竞争力和影响力。具体而言，职务发明对单位发展的推动作用主要体现在以下几个方面。

① 提升单位科研实力：职务发明是单位科研实力的重要体现。通过统计和展示本单位发明专利的数量和质量，单位可以向外界展示其强大的科研实力和创新能力，吸引更多的优秀人才和资源加入。

② 增强单位影响力：拥有众多职务发明的单位，往往能够在学术界和行业内树立较高的声誉和影响力。这种影响力不仅有助于单位在行业内建立领导地位，还能够为单位带来更多的合作机会和资源支持。

③ 提升单位工作档次：在单位内部，职务发明的数量和质量也是衡量工作档次的重要指标之一。通过统计和展示职务发明成果，单位可以激励科研人员更加努力地投入到科研工作中，提升整个单位的工作档次和水平。

为了鼓励和支持科研人员进行职务发明，单位通常会给予发明人一定的奖励。这些奖励不仅是对发明人个人努力的认可，也是对他们为单位发展做出贡献的肯定。通常单位会根据职务发明的数量、质量、实际效益等因素，给予发明人一次性奖励几千到数万元不等的奖金。这种奖励制度不仅能够激发科研人员的创新热情，还能够吸引更多的优秀人才加入到单位的科研工作中。

以下是"某学校"在专利奖励方面的规章制度，已将学校名隐去，简称为"本校"。

自发明专利授权之日起，本校报销五年内的维持年费(专利权未发生变更，以专利授权公告日和年费发票时间为准)。

发明专利奖励需由发明人持授权证书和当年维持年费发票原件提出申请。由学校每半年办理一次符合省级知识产权局发明专利奖励条件的授权发明专利奖励申请。对符合本校科研成果奖励政策的授权发明专利，由科技处统计并进行奖励。

对于当年职务发明专利申请量达到20件以上的发明人(第一发明人)，给予3000元的奖励，每年12月集中受理一次奖励申请。

(4) 职务发明转让的经济收益分配。高等学校鼓励将科研成果在社会范围内进行转化，因此学校的政策通常是将绝大部分经济收入奖励给发明人团队，而学校仅收取少量的管理费。

以下是"某学校"对专利转让方面的规章制度，已将学校名隐去，简称为"本校"。

学校鼓励发明人积极开发发明专利的市场价值，协助发明人办理专利转化、专利权转让协议签署、备案手续办理等工作。

发明专利转化、专利权转让或放弃必须经学校批准，发明人不得以任何方式擅自进行专利转化或专利权转让。如发明人擅自转让、转化专利，损害学校权益，按损害学校国有资产追究相关人员的责任；触犯法律的，要依法承担法律责任。

发明专利转化或专利权转让所得收益的80%归发明人(需缴纳个人所得税，下同)，其余20%归学校所有。

发明专利技术以无形资产形式入股企业所占股份的，发明专利权仍属学校，须由企业缴纳专利年费，收益分配比例为20%归学校所有，其余80%归发明人所有。

发明专利转化或专利权转让收益达到10万元以上的，再按收益总额的5%给发明人予以奖励。

除了高等学府，专利对科研机构、企业以及其他社会组织的重要性也不容忽视。例如，科技公司可以依据专利申请"高新技术企业"认定，以获得省级或市级的资助，从而谋求更好的发展。当然，专利的本质用途在于保护公司的技术创新。

二、学生申请专利的用途

学生在专利申请中扮演着至关重要的角色，他们的创新思维和独特视角为科技领域带来了源源不断的活力。从幼儿园小朋友到博士研究生，跨越了广泛的年龄层次，我们统称他们为学生。在进行研究工作时，学生往往需要利用学校提供的资源，因此学生在校期间完成的专利通常被视为职务发明，其发明权归学生本人或其团队所有，而申请权则属于所在学校。对这类专利的管理，必须严格遵循学校的规章制度。

接下来，我们将详细阐述学生申请专利的益处，从硕士/博士研究生到小学生，按照教育层次进行逐步解析。

(1) 对硕士/博士研究生的作用。对于硕士/博士研究生而言，他们在学术过程中主要从事科研工作，因此专利是其科研成果的体现。大多数学校规定，硕士/博士研究生在顺利毕业时除了完成毕业论文，还需要具备一定数量和质量的科研成果，其中专利就是其中一种。因此，专利成为硕士/博士研究生毕业的重要支撑材料。

(2) 对大学本/专科生的作用。大学本/专科生的毕业通常没有科研方面的硬性要求，然而，拥有专利可以作为支撑材料参加大学生科技竞赛，并获得省级、国家级竞赛奖励。专利和奖励可以折算为创新学分，对专业排名、研究生的推免资格和出国进修都具有重要作用。

(3) 对高中生的作用。高中阶段原本是学习文化知识的关键时期，但随着自主招生和综合评价招生的普及，个人特殊素养也成为高考过程中获得优惠政策的重要因素。在青少年科技类大赛中，专利起到了重要的支持作用，如"奥林匹克"五大竞赛和全国"小小科学家"奖励活动等。然而，一些培训机构能够帮助学生快速掌握和申请专利，导致专利质量参差不齐，目前大学对高中生申请专利的认可度并不高。如果学生是从小学阶段开始逐年积累专利成果，那么其科技创新能力显然更为真实和持久，这样的学生将受到各大高校的欢迎。

(4) 对初中生的作用。类似高中生的自主招生，初中生升高中也可以参加高中综合素质评价活动，即"小自招"。在满足学习成绩要求的前提下，高中会对初中毕业生的综合素质作出评价，具有较高科技素养的学生会被优先录取。

(5) 对小学生的作用。小学生虽然年龄较小，但培养他们的科技素养同样重要。在小学升初中的过程中，科技素养也会成为评价学生综合素质的重要因素之一。因此，家长可以从小培养孩子的科技兴趣和创新意识，为他们未来的学习和发展打下坚实的基础。

第四节　专利申请的相关费用

专利申请是一项涉及较高费用的活动，尤其对于持有大量授权专利的个人或企业而言，年度维护费用尤为突出。然而，《专利收费减缴办法》为学生及小微企业提供了实质性协助，我们可通过深入了解并有效利用该法规，来降低部分费用。需要注意的是，《专利收费减缴办法》可能因政策调整而有所变动。因此，在申请和维护专利时，务必以官方最新通告为准，确保享受应有优惠。此外，需要明确的是，即便专利申请获批，其保护期限也是有限的。发明专利有效期为 20 年，实用新型专利和外观设计专利则为 10 年。一旦期限届满，专利权自动失效，此时相关技术方案将不再受《中华人民共和国专利法》保护，他人可自由使用。

关于年费缴纳，电子申请系统会定期提醒，帮助我们避免逾期。需要注意的是，专利维持年费并非按自然年计算，而是根据专利申请日期确定起始时间。因此，务必密切关注并按时缴纳年费，以免产生滞纳金。如果因遗忘缴费导致专利权丧失，那么将是非常遗憾的。接下来，笔者将对三种专利所需缴纳费用进行大致估算。请注意，由于政策可能随时调整，因此以下费用仅供参考，具体金额请参照当年最新政策规定。

一、发明专利的费用计算

发明专利的费用涵盖了多个方面，包括申请费、公布印刷费、审查费、登记费、年费(特指在 3 年内获得授权的情况)以及专利证书印花税。以下是针对不同申请类型，在特定条件下的费用计算。

(一) 申请减缓的非职务个人申请

申请费：135 元

公布印刷费：50 元

审查费：375 元

登记费：250 元

年费(3 年内获得授权)：135 元

专利证书印花税：5 元

总计：950 元

对非职务的个人申请，若符合减缓条件，则上述费用为申请人需支付的全部费用。

(二) 申请减缓的职务申请或非职务多人申请

申请费：270 元

公布印刷费：50 元

审查费：750 元

登记费：250 元

年费(3 年内获得授权)：270 元

专利证书印花税：5 元

总计：1595 元

对职务申请或非职务的多人申请，若符合减缓条件，则上述费用为申请人需支付的全部费用。

(三) 未申请费用减缓

申请费：900 元

公布印刷费：50 元

审查费：2500 元

登记费：250 元

年费(3 年内获得授权)：900 元

专利证书印花税：5 元

总计：4605 元

若申请人未申请费用减缓，则上述费用为申请人需支付的全部费用。

需要强调的是，以上费用计算基于特定条件，如权利要求不超项、《说明书》不超页、无优先权要求、申请和审批过程中未被视为撤回或驳回，且在 3 年内获得授权。若实际情况与上述条件不符，如存在权利要求超项、《说明书》超页、优先权要求、著录事项变更、延长期请求等情况，申请人还需额外缴纳相关项目费用。然而，这些特殊情形在实际情况中相对较少发生，此处不再详细列出。

总之，在申请发明专利时，申请人应充分了解并计算好所需支付的费用，并根据实际情况选择是否申请费用减缓。同时，也需留意申请和审批过程中的各种情况，以避免因遗漏或错误而产生额外的费用。

二、实用新型专利的费用计算

实用新型专利的费用结构主要包括申请费、登记费、年费(特指在 3 年内获得授权的情况)以及专利证书印花税。在符合特定条件(即权利要求不超项、《说明书》不超页、无优先权要求、未被视为撤回或驳回)时，费用计算如下。

(一) 申请减缓的非职务个人申请

申请费：75 元

登记费：200 元

年费(3 年内获得授权)：90 元

专利证书印花税：5 元

总计：370 元

对非职务的个人申请，若符合减缓条件，则上述费用为申请人需支付的全部费用。

(二) 申请减缓的职务申请或非职务多人申请

申请费：150 元

登记费：200 元

年费(3 年内获得授权)：180 元

专利证书印花税：5 元

总计：535 元

对职务申请或非职务的多人申请，若符合减缓条件，则上述费用为申请人需支付的全部费用。

(三) 未申请费用减缓

申请费：500 元

登记费：200 元

年费(3 年内获得授权)：600 元

专利证书印花税：5 元

总计：1305 元

若申请人未申请费用减缓，则上述费用为申请人需支付的全部费用。

需要强调的是，以上费用计算仅基于特定条件。若实际情况与上述条件不符，如存在权利要求超项、《说明书》超页、优先权要求、著录事项变更、延长期请求等情形，申请人还需额外缴纳相关项目费用。然而，这些特殊情形在实际情况中相对较少发生，此处不再详细列出。

总之，在申请实用新型专利时，申请人应充分了解并计算好所需支付的费用，并根据实际情况选择是否申请费用减缓。同时，也需留意申请和审批过程中的各种情况，以避免因遗漏或错误而产生额外的费用。

三、外观设计专利的费用计算

外观设计专利的费用涵盖申请费、登记费、年费(特指在 3 年内获得授权的情况)以及专利证书印花税。在不存在优先权要求、申请未被视为撤回或驳回的情况下，以下是费用的简单计算。

(一) 申请减缓的非职务个人申请

申请费：75 元

登记费：200 元

年费(3 年内获得授权)：90 元

专利证书印花税：5 元

总计：370 元

对非职务的个人申请，若符合减缓条件，则上述费用为申请人需支付的全部费用。

(二) 申请减缓的职务申请或非职务多人申请

申请费：150 元

登记费：200 元

年费(3 年内获得授权)：180 元

专利证书印花税：5 元

总计：535 元

对职务申请或非职务的多人申请，若符合减缓条件，则上述费用为申请人需支付的全部费用。

(三) 未申请费用减缓

申请费：500 元

登记费：200 元

年费(3 年内获得授权)：600 元

专利证书印花税：5 元

总计：1305 元

若申请人未申请费用减缓，则上述费用为申请人需支付的全部费用。

除了上述费用，特定情况下还涉及其他费用，但考虑到这些情形在实际情况中较少发生，此处不再详细列出。

若申请人选择通过专利代理机构申请专利，则需要支付专利代理费。这笔费用根据代理机构的服务内容和专业程度有所不同，一般在几百到上千元之间。尽管增加了额外开支，但代理机构能够为申请人减轻大量的工作负担。

费用的计算较为烦琐，但申请人可以通过电子申请系统或专利代理机构的通知来获取准确的缴费信息。了解每项费用所涵盖的项目，将有助于申请人更好地管理专利申请过程中的财务支出。值得一提的是，学生申请人通常能够享受较大幅度的费用减免，这是对他们创新精神的鼓励和支持。

通过本章的学习，我们对专利类型、申请实务以及相关费用等方面进行了深入了解。然而，专利的构思与实现是一个复杂的过程，它要求创新者不仅要有扎实的技术基础，还要具备敏锐的市场洞察力和前瞻性思维。在接下来的章节中，我们将深入学习如何发现问题、激发创意、进行创新性检索和进行专利撰写等方面的知识。

复习思考题

1. 请访问中国专利电子申请网，并认真阅读"电子申请简介""法律法规"和"相关规范"部分。如需要打印，建议打印后装订成册，以便查询。

2. 请访问中国专利电子申请网，以个人身份注册账号，需要提供个人的证件号等信息，请自行完成，记住用户名和密码。请下载 pfx 证书到电脑上，并保存到您的网盘或信箱中，以便日后随时下载。操作方法请见官网教程。

3. 请先在系统中进行费用减缓备案，然后在系统中下载《费用减缓请求书》，填写完毕后交由学校教务部盖公章，并将一份原件送到当地专利局。

4. 思考题：张三在某大学工作时，其科研方向为计算机通信网络。但是张三在生活中有一个创意，对某种收纳箱做了结构上的改进，并申请了专利。

(1) 这种专利属于职务发明吗？

(2) 如果属于职务发明，那么张三在职务晋升方面，该专利能起到什么作用？

请针对上述两个问题给出书面作答。

5. 思考题：张三的儿子张小三正在读小学二年级，张三打算申请一项有关收纳箱的专利，经过与孩子共同研究和申请，最终将发明人第一位定为张小三。

(1) 该专利属于职务发明吗？

(2) 如果该专利的技术方案最终形成产品，那么能够对产品技术提供有效保护吗？

(3) 这种行为违反单位的规章制度吗？

(4) 该专利是否对张小三的升学有帮助呢？

说明：凡是涉及在国家知识产权局及其下属网站的操作，可能因为网站改版、相关政策变化等，出现操作过程和步骤等变化，一切请以官网给出的改版说明和教程为准。

第四章
专利的构思与实现

在当今快速发展的科技时代，创新已成为推动社会进步和经济发展的关键动力。专利作为保护创新成果的法律手段，不仅保障了发明者的权益，也促进了技术的发展与传播。然而，专利的申请并非易事，它要求申请人不仅要有卓越的创意，还要对整个申请流程有深刻的理解和精准的操作。

本章将深入探讨专利的构思与实现，从创意的产生到专利的申请，为读者提供一份详尽的指南。我们将分析创意的来源，探索如何从科学研究和日常生活中汲取灵感，进而转化为具有实际应用价值的创新点。同时，本章也将重点介绍创新性检索的重要性，这是确保专利申请成功的关键步骤，通过检索可以避免创意的重复性，确保其新颖性和创造性。

此外，本章还将详细介绍专利申请书的填写方法，包括外观设计专利、实用新型专利和发明专利的请求书样本，以及填写时应注意的各种细节。通过这些具体的指导，读者将能够更加熟练地完成专利申请的文书工作。

第一节 创意的来源

创意作为创新的起点，对任何专利申请都是至关重要的。本节将深入探讨创意的两大来源，即科学研究和日常生活观察，揭示它们如何成为推动专利创新的核心动力。

一、创意来源于科学研究

科学研究是推动人类知识边界不断扩展的重要力量,也是创意产生的主要源泉之一。

(一) 科学研究对创意产生的促进作用

(1) 科学研究拓展知识边界:科学研究是推动人类知识边界不断扩展的重要力量。通过科学研究,人类不断探索未知领域,揭示自然规律,推动科技进步,为创意产生提供了丰富的素材和启发。

(2) 科学研究激发创意:科学研究是创意产生的主要源泉之一。从科学研究中汲取灵感,结合创作者的想象力和审美观点,可以孕育出独具创意的作品,展现出科学与艺术的奇妙结合。

(3) 科学研究与创意结合:将科学研究与创意结合,可以为作品注入更深刻的内涵和更广阔的视野。科学研究的严谨性和探索精神,与创意的想象力和表现形式相得益彰,共同推动社会和文化的发展。

(二) 气凝胶的创新案例分析

拥有"世界最轻固体"之称的气凝胶,近期引起了全球范围内众多科学家的浓厚兴趣。这种特殊的固体物质,尽管属于固体范畴,但其密度却仅次于空气,是世界上密度最小的固体。其中,最轻的气凝胶每立方厘米的质量仅为0.16毫克,是空气密度的六分之一,比空气还要轻盈。由于其内部高达99.8%的空间都是由空气填充,因此,它的隔热性能表现得尤为出色。最近,科学家们成功研发出一种名为"空气合金"的新型气凝胶材料,该材料具备高强度、耐久性、重量超轻、可设计性等诸多优点,尤其值得一提的是,它还具有超强的绝缘性能,这对于绝热材料的研发以及航空航天领域的发展具有极其深远的影响。

气凝胶作为一种应用广泛的新型材料,其独特之处在于采用了全新的技术方案来解决各种实际问题,涵盖了海洋、航空、建筑等多个领域。借助专利搜索引擎,只键入"气凝胶"就能检索出超过10,000项相关专利,其中不乏国际专利。这充分说明气凝胶及其制造工艺已引起全球科研人员的高度重视。每一项新技术的诞生都离不开科研人员的辛勤付出和严谨实验,在专利获批前,科研人员所付出的努力可想而知。创新并非易事,需要长时间专注于相关领域的研究。这类创新往往源于发明创造，一旦专利获批，将进一步推动科研进程，形成良性循环。

(三) 科研菜鸟的"创新路径"

在科研基础薄弱或能力有限的情况下，理解专利名称及其含义是一项挑战，更不用说提出新颖的创意。然而，通过借鉴前人的研究成果并进行改进，即使科研实力有限也能有所作为。以下将以气凝胶为例，探讨如何通过改进前人的研究成果来实现技术创新。

(1) 深入研究现有技术：气凝胶是一种具有低密度、高度孔隙率和优异热绝缘性能的材料。在深入研究现有气凝胶技术的基础上，可以发现其中的不足之处，如生产成本高、力学性能差等。通过分析这些不足，找到提升空间，为后续的改进工作奠定基础。

(2) 提出改进方案：利用个人知识储备和对气凝胶材料特性的理解，提出改进方案。例如，探索降低生产成本的新工艺、加强气凝胶的力学性能等方面的改进方案。关键是要结合自身的专业背景和技能，提出可行且具有创新性的改进方案。

通过以上两步，若能提出符合《中华人民共和国专利法》的技术方案，则有望申请实用新型专利或外观设计专利，甚至获得发明专利授权。这种基于前人研究成果的改进方法，为科研基础薄弱的个人或团队提供了一条可行的创新途径，带动了技术领域的进步和发展。通过不断努力和探索，即使科研基础有限，也有机会实现技术创新，为社会和行业带来更大的进步和益处。

二、创意来源于生活

生活中蕴藏着无穷的创意灵感，只要我们用心观察并细心感受，就能发现无尽的灵感之源。从日常琐事到人生感悟，无处不在的创意元素正等待我们去发现和挖掘。接下来，我们将探讨如何从日常生活中汲取灵感，将平凡的观察转化为具有专利潜力的创新点。

(一) 立足于日常观察

平凡的日常生活中隐藏着许多可以启发创意的小细节。或许是一次等车时看到的色彩斑斓的广告牌，或者是在厨房里尝试新食谱时得到的灵感。在日常琐事中，人们可以发现许多值得思考和借鉴的创意点子。只要留心观察，就能将这些点滴灵感汇聚成为创新的源泉。

然而，生活中的实用小窍门直接转化成专利的可能性一般较小，因为专利注重新颖性、创造性和实用性，发明专利和实用新型专利均是对特定技术解决方案的详细表述。虽然有用的小窍门引人注目，但是可能欠缺创新力度。要发现生活中已有物品或技术的不足，并做出适当改进和升级呢的关键在于洞察生活中的不便之处。

以常见的五孔插座为例，当下方三个插孔被占用时，上方插孔便无法使用。尽管这种设计基于安全考量，但给用户带来诸多困扰。针对这一问题，有哪些可行的改进策略呢？

通过专利搜索引擎检索"五孔插座"相关外观专利，结果显示共有 70 多项。经过初步筛选，部分专利致力于解决上述问题，如以下专利。

专利名称：五孔插座；申请号：CN201630148239.3；状态：终止。专利附图如图 4-1 所示。

图4-1 五孔插座专利附图

专利摘要：

1. 本外观设计产品的名称：五孔插座。

2. 本外观设计产品的用途：本外观设计产品用于内嵌于墙壁中的电源插座，与插入式元器件相配接来接通电路的连接器，同时可作为 WI-FI 智能网关。

3. 本外观设计产品的设计要点：产品的形状。

4. 最能表明本外观设计产品的设计要点的图片或照片：设计 1 主视图。

5. 省略视图：设计 2 至设计 10 的后视图、左视图、右视图、俯视图、仰视图分别与设计1的后视图、左视图、右视图、俯视图、仰视图相同，故省略。

此项专利将两个插孔相隔设置，巧妙地解决了这个难题，堪称高明之举。

(二) 立足于解决现实问题

在解决现实问题的过程中，创意往往源于对问题的深入理解、细致观察和勇于思考。通过对问题的全面分析和探讨，我们可以从多个角度找到切实可行的创新解决方案，使创意从问题中迸发出来。

(1) 洞察问题本质：要解决现实问题，首先需要深入理解问题的本质和背景。通过对问题进行分解、梳理和研究，找出问题的根源和关键症结，从而为创意的产生提供基础。仔细观察问题的各个方面，发现问题背后的隐藏信息和潜在机遇，可以激发出更具有创造性的解决方案。

(2) 跨界融合思维：创意往往源于不同领域之间的碰撞和融合。通过将不同领域的知识和思维方式相互交叉，可以产生各种创意。跨界融合思维带来了不同维度的思考和创新视角，从而为解决复杂问题提供了更多可能性。

(3) 用户需求导向：解决现实问题的创意源于对用户需求的深刻理解和关注。通过走进用户的生活、感受他们的需求和痛点，可以挖掘出更贴近用户心理和实际需求的创意。将用户需求作为创意的引导，可以帮助我们更好地定位问题、设计解决方案，并最终取得成功。

(4) 实践与反馈：切实的实践经验和反馈的信息也是创意的重要来源。通过实际测试、试错和反馈调整，可以不断改进和完善创意方案，从而实现更好的问题解决效果。在实践的过程中，会不断激发出新的创意和解决方案，为问题解决提供持续的动力。

(三) 解决现实问题的创意实例

衣柜作为居家必备之物，用于储藏衣物，衣物可悬挂或折叠。随着智能家居技术的飞速发展，众多个人及企业纷纷推出了具备诸多实用功能的智能衣柜产品，有些衣柜可以根据性别、年龄段、颜色、款式、类别等对衣物进行分类储存；有些衣柜可以自行完成衣物折叠；有些衣柜自带的穿衣镜化身为智能屏，提供智能试衣及服饰搭配服务；还有些衣柜有自动识别褶皱并熨洗衣物的功能。

这些创新功能充分展现了科技的魅力。其中，衣物自动折叠这一功能已获得大量专利支持，以下仅列举部分相关专利以供参考。

专利名称：一种可自动叠衣服的衣柜；申请号：CN201810777403.5；状态：撤回。

专利摘要：本发明公布了一种可自动叠衣服的衣柜，它包括衣柜本体、第一柜板、第二柜板，所述第一柜板上设置有自动叠衣服机构，所述自动叠衣服机构的上端间距设置有压平夹取装置，所述压平夹取装置通过第一液压缸设置在衣柜本体的上端，所述第二柜板上间距设置有堆放盒，所述堆放盒活动设置在衣柜本体的侧端。本发明提供一种可自动叠衣服的衣柜，设计巧妙，使用方便，叠衣服时自动将衣服展平，自动完成叠衣服的过程，叠完后能自动将衣服夹取到收纳盒中，并能自动完成堆放过程，整个过程自动化，效率高，减少了人们的劳动强度，实用性强。

我们再看一个和衣柜有关的专利。

专利名称：一种抗震救生衣柜；申请号：CN201520158560.X；状态：终止。

专利摘要：本实用新型为一种抗震救生衣柜，由柜顶防冲装置、柜底减震装置以及衣柜主体构成。柜顶防冲装置由橡胶板与弹簧组成。柜底减震装置使用四个叠层橡胶支座分两列均布于柜底。柜体材料为优质钢材，其外侧贴抹防火隔热层，内侧为软内壁。衣柜设有挂衣架、通气孔、通气窗、观察孔，柜内壁安装有控制面板，可发射求救信号。衣柜内设有可调节式防震椅、安全带、坐便器，防震椅下面为储物柜，柜内装有各种生存用品，储物柜把手涂抹荧光涂料。衣柜放置于墙角，背面锚固在承重墙上，衣柜内物品与柜体牢固连接，各接缝处装有防水密封条。本实用新型平时可作衣柜，在地震发生时作为避险装置使用。

这个创意颇具创新性且源于对日常生活的深度洞察与严谨思考。在紧急情景下，人们常需迅速采取有效行动，而"救生衣柜"的概念正是对此需求的直接响应。若生活中有更多物品能在危急关头发挥救援作用，如"救生餐桌"或"救生床"，将极大提高安全性。

设想，一款精心设计的"救生餐桌"在地震等灾难来临时，可迅速转变为稳固的庇护所，保障用餐者的安全；而"救生床"则能在火灾等突发事件中，为人们提供临时的避难场所，甚至配备灭火设备，防止火势蔓延。

通过"智能衣柜""救生衣柜""救生餐桌"和"救生床"的构想，我们得以理解创意并非无源之水，而是源于对生活的细致观察。这些创意并非凭空涌现，而是对已有物品功能的深化与扩展。其设计宗旨均在于提供更加智能的生活或者在关键时刻提供额外防护及援助，这恰恰体现了创意源于生活的真谛。

当然，此类专利也容易存在问题——功能过度挖掘。一方面，专利仅涉及某项技术方案，未见成品，无法确认能否投入商用；另一方面，复杂的机械结构与繁多功能常伴随着高昂的硬件与研发费用，导致产品售价攀升，高价格能否受到市场青睐仍属未知。若技术方案无法转化为产品，则专利对技术的保护意义将荡然无存。即便专利授权后尚可带来其他益处，可视作对未来的投资，然而仅从技术保护角度考量，其价值将大打折扣。

三、创意来源于生产实践

生产实践是创意产生的另一重要领域。在生产过程中，实际需求和问题的出现为创新提供了肥沃的土壤。然而，源于生产的创意并不是每个人都能接触，需要深入生产现场，理解生产过程才能提出，而且这种创意更容易转化为产品。以下是关于创意源于生产实践的一些思考。

(1) 创新生产技术：随着科技的不断发展和进步，生产技术也在不断创新。新的生产技术可能会带来更高效率、更低成本、更优质的产品，而这种技术创新往往需要创意的驱动。例如，3D 打印技术的应用可以实现个性化定制、快速原型制作，背后涵盖了创新的思维和方法，激发了更多的设计灵感和产品创新。

(2) 流程优化与创意：在生产过程中，流程的优化和改进可以带来更高的效率和质量。通过对生产流程的深入分析和创新设计，可以发现优化的空间和潜在的创意点。这种对流程的创新思维和做法，不仅可以提升生产效率，还可以激发出更多的创意可能性，为产品和服务带来新的竞争优势。

(3) 产品服务创新：生产不仅是产品制造，还包括服务的提供。在生产过程中，产品和服务的创新可以相辅相成，为用户带来更好的体验和价值。通过对产品功能、外观、包装、售后服务等方面的创新设计和提升，可以为产品添加更多创意的元素，吸引消费者的注意，提升产品的市场竞争力。

(4) 创意的融合与跨界合作：在生产的过程中，不同领域的专业知识和技术也可以相互融合，带来更多的创新可能性。跨界合作和创意融合可以激发出不同领域的火花和想法，为产品和服务带来更多的独特性和卓越性。通过与设计师、工程师、营销人员等跨领域专家的合作，可以将创意推向新的高度，实现更多的生产和价值创新。

(5) 可持续生产与创意：随着社会对可持续发展的追求，生产的创意也可以从可持续性的角度出发。通过创新设计和生产方法，可以实现资源的循环利用、减少废弃物的排放，促进绿色生产，为环保事业贡献力量。可持续生产与创意相结合，不仅可以推动技术和产业的发展，还可以为社会和环境带来更多的福祉和改变。

（6）生产实践中创新案例分析：在研发和设计的过程中，提出创意并申请专利的例子比比皆是。在当今的"互联网+"时代，共享经济较为盛行，如共享单车、共享洗衣机等，都是专利"大户"，而且针对这些行业的专利纠纷也层出不穷。通过专利搜索引擎检索"共享单车"，结果显示共有2000余项，其中有权专利900多项，共享单车的各种实现技术方案已被深度挖掘，确实凝结了研发人员的智慧。不过，在这种"你知我知大家知"的行业，专利点的挖掘将越来越困难，技术方案的路径也会越来越狭窄。那么，哪些小众的行业比较容易出有前景的创意呢？这就需要深入生产现场进行考察。

例如，一个生产燃气炉的厂家，生产过程较为粗放，以人工为主。随着销售量的增加，逐渐发现了一些问题。第一，因为燃气是计费的，用户有时会改造燃气炉，以偷气省钱；第二，燃气炉一般是"赊账"购买，后期货款很难追回或被客户百般刁难。了解了这些需求后，在技术手段上，如何对上述问题进行改进呢？

首先，为解决用户偷气的问题，厂家设计了一种燃气炉防偷气装置。这个装置不仅具有防物理破坏的结构，确保即便被恶意破坏也能保持其功能的完整性，而且采用了先进的技术手段来准确统计用气流量。这种设计不仅体现了对生产细节的深入考虑，也展示了厂家对用户需求的精准把握。

其次，为了解决货款回收困难的问题，厂家又设计了一种燃气炉远程开关装置。这个装置在防物理破坏的基础上，赋予了厂家远程操作的能力。一旦发现用户恶意欠款，厂家便可以通过远程操作关闭燃气炉，从而迫使用户履行付款义务。这种设计不仅有效地解决了货款回收的问题，也提高了厂家的管理效率和风险控制能力。

总之，创意并非只来源于理论或抽象的思考，它同样源于生产的实际需求。只有深入了解生产过程中的实际问题，才能找到创新的突破口。同时，这也提醒我们，在生产过程中要始终保持敏锐的洞察力和创新意识，以便在竞争激烈的市场中立于不败之地。

第二节　如何进行创新性检索

创新性检索是专利申请过程中至关重要的一步。它不仅帮助发明者确认其创意是否具有新颖性,避免重复已有的发明,而且对提高专利申请的成功率具有决定性作用。本节将详细介绍创新性检索的方法、技巧和常用工具。

一、创新性检索的基础方法

创新性检索的过程是先将创意凝练成一段话或数个关键词,再从各大学术检索网站和搜索引擎中检索相关文献,并判断其重复性。若存在密切相关的文献,则该创意的创新性可能受到质疑。对于发明专利而言,检索工作尤为重要,否则将影响专利的授权。对于实用新型和外观设计类专利而言,虽然不经过实质审查也能授权,但是若检索工作不充分,且存在密切相关的文献,在需要专利维权并开具专利评价报告时,专利的权利要求可能被判为无效,最终导致维权陷入被动情形。

(一) 创意凝练与关键词提取

(1) 将创意转化为可检索的关键词或短语。在科研、创新或信息检索的过程中,将创意或研究主题转化为准确且全面的关键词或短语是至关重要的第一步。这不仅决定了检索结果的相关性和有效性,还直接影响到后续研究工作的效率和方向。以下是将创意转化为可检索关键词或短语的几个关键步骤。

① 明确创意或研究主题:首先,需要清晰地界定你的创意或研究主题。这包括理解其核心内容、目的、应用场景以及可能涉及的领域。例如,如果你的创意是关于一种新型袋泡茶包装,则你需要明确这种包装的创新点、材料、结构以及可能的市场定位等。

② 提取核心概念:从创意或研究主题中提取出核心概念。这些概念通常是构成你的创意或研究主题的基本元素,也是你进行检索时最关键的词汇。以上述袋泡茶包装为例,核心概念包括"袋泡茶""包装""创新设计""材料"等。

③ 考虑同义词和近义词:为了增加检索的全面性,需要考虑核心概念的同义词和近义词。因为不同的作者或领域可能会使用不同的词汇来描述相同或相似的概念。例如,"袋泡茶"还可能被称为"袋装茶"或"袋饮茶";"包装"的同义词可能包括"封装""包装材料"等。

④ 构建关键词组合:将提取出的核心概念及其同义词、近义词进行组合,形成多个关键词短语。这些短语应能够全面覆盖你的创意或研究主题,同时减少单个关键词带来的模糊性和不确定性。例如,对袋泡茶包装的创新设计,可以构建出"(袋泡茶 OR 袋

装茶 OR 袋饮茶)AND 包装 AND 创新设计"这样的关键词组合。

⑤ 精炼与优化：最后，对构建的关键词组合进行精炼和优化。确保每个关键词或短语都是必要的，没有冗余或重复。同时，根据实际需要调整关键词的先后顺序或使用布尔运算符(如 AND、OR、NOT)来进一步精确检索范围。

(2) 关键词选取的准确性和全面性对检索结果的影响。关键词选取的准确性和全面性对检索结果有着直接而深远的影响。

① 准确性的影响：准确的关键词能够直接定位到与你的创意或研究主题高度相关的文献或信息，减少无关内容的干扰。同时，能够避免在大量不相关的文献中进行筛选，提高检索效率。此外，准确的关键词有助于保持研究或创意开发的正确方向，避免偏离主题。

② 全面性的影响：全面的关键词组合能够覆盖更多的相关领域和文献资源，确保不遗漏任何重要信息。通过广泛的检索，可能会发现一些看似不相关但实际上具有潜在联系的信息或观点，为创意或研究提供新的视角和思路。在评估创新性时，全面的检索能够确保你了解到所有相关的现有技术和文献，从而更准确地判断你的创意或研究是否具有创新性。

综上所述，将创意转化为可检索的关键词或短语时，应注重准确性和全面性的平衡。通过明确的主题界定、核心概念的提取、同义词和近义词的考虑、关键词组合的构建以及精炼与优化等步骤，可以构建出既准确又全面的关键词组合，为后续的检索工作奠定坚实的基础。

(二) 检索平台与资源选择

在进行创新性检索时，选择合适的检索平台与资源是确保检索结果全面性和准确性的关键所在。随着信息技术的飞速发展，各类学术检索网站、专利数据库及搜索引擎如雨后春笋般涌现，为科研工作者和创新者提供了丰富的文献资源。以下将详细介绍这些平台与资源的特点、适用场景，并强调跨平台检索的重要性。

(1) 学术检索网站。学术检索网站通常汇集了海量的学术论文、期刊文章、会议论文等学术资源，为科研工作者提供了便捷的文献检索服务。这些网站往往支持高级检索功能，如字段限定、逻辑运算符使用等，能够满足用户复杂的检索需求。常见的学术检索网站包括 CNKI(中国知网)、万方数据、维普网等国内平台，以及 Google Scholar、PubMed、SpringerLink 等国际平台。这些平台适用于各类学科领域的学术研究，特别是对于需要深入了解某一领域最新研究成果的科研工作者而言，具有不可替代的作用。

(2) 专利数据库。专利数据库是检索专利文献的重要平台，它们包含了全球范围内的专利信息，包括专利申请书、《说明书》、《权利要求书》等。专利数据库不仅为发明者提供了确认创意新颖性的重要依据，还为企业制定技术策略、规避专利风险提供了有力支持。常见的专利数据库包括国家知识产权局专利局官网、欧洲专利局(EPO)专利数据库、美国专利商标局(USPTO)专利数据库等。这些平台适用于需要进行专利分析、评估专利价值、制定专利申请策略等情形。

(3) 搜索引擎。搜索引擎作为互联网信息检索的通用工具，广泛应用于学术和创新性检索中。搜索引擎如百度、谷歌等拥有庞大的索引数据库和先进的搜索算法，能够迅速响应用户的查询请求，并返回相关的网页链接。虽然搜索引擎的检索结果可能包含大量非学术性内容，但通过合理的关键词选择和检索策略调整，仍然可以获取有价值的文献资源。搜索引擎适用于快速获取某一领域的基本信息、了解行业动态或进行初步筛选等情形。

(4) 跨平台检索的重要性。在进行创新性检索时，单一平台的资源往往难以满足所有需求。不同平台在资源覆盖范围、检索功能、更新速度等方面存在差异，各有优劣。因此，跨平台检索显得尤为重要。通过同时利用多个学术检索网站、专利数据库及搜索引擎进行检索，可以覆盖更广泛的文献资源，提高检索结果的全面性和准确性。同时，跨平台检索还有助于发现不同平台之间的互补性资源，为科研工作者和创新者提供更加丰富的信息来源和视角。

综上所述，选择合适的检索平台与资源是创新性检索成功的关键。科研工作者和创新者应根据自身需求和研究领域的特点，灵活选择并组合使用各类学术检索网站、专利数据库及搜索引擎，以实现跨平台检索的优势互补和资源共享。

二、创新性检索的高级技巧

在进行创新性检索时，掌握高级技巧不仅能够显著提升检索效率，还能极大地提高检索结果的准确性和相关性。以下将深入解析逻辑运算符的应用、介绍高级检索功能，并探讨检索策略的调整与优化方法。

(一) 逻辑运算符的应用

逻辑运算符是构建复杂检索表达式和精确控制检索范围的重要工具。在创新性检索中，常见的逻辑运算符包括 AND、OR、NOT，它们各自扮演着不同的角色。

(1) AND(与)：用于连接两个或多个关键词，表示同时满足这些条件的检索结果才会被返回。例如，"人工智能 AND 机器学习"将仅返回同时包含这两个关键词的文献。AND 运算符有助于缩小检索范围，提高检索结果的精确度。

(2) OR(或)：用于连接两个或多个关键词，表示满足其中任一条件的检索结果都会被返回。例如，"深度学习 OR 神经网络"将返回包含"深度学习"或"神经网络"或两者都包含的文献。OR 运算符有助于扩大检索范围，发现更多相关信息。

(3) NOT(非)：用于排除包含特定关键词的检索结果。例如，"人工智能 NOT 机器学习"将返回包含"人工智能"但不包含"机器学习"的文献。NOT 运算符在需要精确排除某些信息时非常有用。

假设我们需要检索关于"人工智能在医疗领域的应用"的相关文献，但希望排除那些仅讨论"人工智能算法"而不涉及"医疗应用"的文献。我们可以构建的检索表达式为"人工智能 AND 医疗 NOT 算法"。这个表达式确保了检索结果既包含了"人工智能"和"医疗"两个关键词，又排除了仅讨论"算法"的文献。

(二) 高级检索技巧

除了逻辑运算符，还有许多高级检索技巧可以帮助我们更精确地控制检索过程。

(1) 字段限定：大多数检索平台都允许用户指定关键词出现的字段，如标题、摘要、关键词等。通过字段限定，我们可以将检索重点放在最相关的文本区域，从而提高检索精度。例如，在 CNKI 中，我们可以使用"SU='人工智能'"来限定关键词字段进行检索。

(2) 通配符使用：通配符(如*、?等)允许我们在不确定完整关键词时进行模糊检索。例如，使用"人工*能"可以检索到"人工智能""人工智能技术"等多个相关词汇的文献。需要注意的是，过度使用通配符可能导致检索范围过大，降低检索精度。

(3) 短语检索：短语检索允许我们将多个词语作为一个整体进行检索，确保这些词语在文献中连续出现。在检索表达式中，短语通常被引号包围。例如，"'深度学习模型'"将仅返回包含完整短语"深度学习模型"的文献。

(4) 灵活组合：高级检索技巧的有效性很大程度上取决于它们是否被灵活组合使用。

在实际检索过程中，我们应根据具体需求选择合适的技巧，并尝试不同的组合方式，以找到最佳的检索策略。

(三) 检索策略调整与优化

即使采用了高级检索技巧，有时我们仍然无法获取理想的检索结果。此时，就需要对检索策略进行调整与优化。

(1) 分析原因：首先，我们需要仔细分析检索结果不理想的原因。可能是关键词选择不当、检索范围过大或过小、逻辑运算符使用错误等。

(2) 修改关键词：尝试使用同义词、近义词或更具体的词语替换原始关键词，以扩大或缩小检索范围。

(3) 调整检索范围：通过修改字段限定条件、增减逻辑运算符或调整通配符使用等方式，调整检索范围以更准确地匹配目标文献。

(4) 利用反馈：许多检索平台都提供了检索结果反馈功能，如相关度排序、引用分析等。我们可以利用这些反馈信息来评估检索效果，并据此调整检索策略。

综上所述，掌握创新性检索的高级技巧对提高检索效率和准确性至关重要。通过灵活运用逻辑运算符、高级检索功能以及不断调整与优化检索策略，我们可以更加高效地获取到所需的信息资源。

三、创新性检索常用的搜索引擎

提取关键词之后，下一步就是在搜索引擎中进行检索。以下是常见的搜索引擎，如果从其中未发现密切相关的文献，那么基本可以确定其创新性较高。

(1) 国家知识产权局提供的专利检索及分析系统(https://pss-system.cponline.cnipa.gov.cn/)，可以通过国家知识产权局网站(https://www.cnipa.gov.cn)首页进入。该网站要求注册账号，按照要求进行注册和登录即可。该网站还提供各种专利文本的下载功能。

(2) 第三方专利搜索引擎可以提供多种分类检索的方法，操作便捷高效。然而信息存在一定的滞后性，专利的各种文本只提供图片格式。

(3) 中国知网知识发现网络平台(https://www.cnki.net)，面向海内外读者提供中国学术文献、外文文献、学位论文、报纸、会议、年鉴、工具书等各类资源统一检索、统一导航、在线阅读和下载服务,提供分类检索和二次检索服务。但是,该网络平台需要付费使用,用户可以考虑购买其阅读卡或者从学校图书馆相应的开放资源库进入。

(4) 万方数据知识服务平台(http://www.wanfangdata.com.cn),中外学术论文、中外标准、中外专利、科技成果、政策法规等科技文献的在线服务平台。该平台提供多种高级检索方法。同样,该网络平台需要付费使用,用户可以考虑购买其阅读卡或者从学校图书馆相应的开放资源库进入。

(5) 维普官方网站(http://www.cqvip.com),国内大型中文期刊文献服务平台,提供各类学术论文、各类范文、中小学课件、教学资料等文献下载服务。该平台提供多种高级检索方法。同样,该网络平台需要付费使用,用户可以考虑购买其阅读卡或者从学校图书馆相应的开放资源库进入。

(6) 百度搜索引擎(http://www.baidu.com),国内最大的搜索引擎,可以搜索几乎全部的中文网页,其搜索结果参考价值较高,可以免费使用。

(7) 国外的搜索引擎或学术资源库,主要有:施普林格(Springer)期刊全文数据库、荷兰 Elsevier Science 公司的 ScienceDirect 数据库(http://www.sciencedirect.com)、美国工程索引 Engineering Village 数据库(https://www.engineeringvillage.com)、美国科学索引 Web of Science 数据库(http://www.webofknowledge.com),以上大多为收费数据库,建议用户从大学图书馆的资源库进入,可以免费使用。此外,还有美国专利与商标局专利数据库的专利部分(https://www.uspto.gov/patents)、欧洲专利数据库(http://worldwide.espacenet.com)和国外著名的搜索引擎等。

如果检索结果中并未发现密切相关文献,那么可以初步证明该创意是新颖的。当然,申请专利后,国家知识产权局还要进行严密的审查,审查结果更加严谨翔实。

第三节　专利请求书填写指南

专利请求书作为连接创意与法律保护的桥梁,其撰写质量直接关系到专利能否成功获得授权及后续的维权效果。因此,掌握专利请求书的撰写技巧与规范,对于每一位创新者而言都至关重要。本节将深入探讨外观设计专利、实用新型专利及发明专利请求书的撰写指南,旨在帮助读者掌握专利请求书撰写的精髓,为成功申请专利奠定坚实基础。

申请专利需要填写大量表格,而第一步则需要填写专利请求书。请求书可以在官网系统中进行下载,其填写方法官网上有详细说明。接下来将详细介绍三种专利的请求书:外观设计专利、实用新型专利和发明专利。

一、外观设计专利填写指南

(一) 请求书样本

《外观设计专利请求书》的样本如图 4-2 所示,填写要求如下。

第①~⑤栏:由国家知识产权局填写,请留空。

第⑥栏:使用外观设计的产品名称应当具体、明确反映该产品所属的类别,产品名称一般不得超过 20 个字。并且,一旦名称确认,请在各个文件中均使用该名称,名称必须一致。

第⑦栏:请填入前三位设计人的姓名。若请求不公布其姓名,应当在此栏所填写的相应设计人后面注明"(不公布姓名)",除非有特殊保密的场合,一般默认不注明。在设计人中,以第一设计人填写的信息最为重要,因此在书写请求书前,请务必确认设计人的署名顺序。如果设计人不足三名,则留空。

第⑧栏:应当填写第一设计人国籍,中国国籍请填写"中国"。其他国籍申请者,请填写正确的国籍。

第⑨栏:应当填写申请人的详细信息,该栏必须认真填写并核对无误。如果是职务发明,应分别填入单位名称、单位的统一社会信用代码/组织机构代码证(注意,我国完成"三证合一"后,仅存在统一社会信用代码)、单位的电子邮箱、注册的国家(地区)名、单位所在省一级行政区名、单位所在市县、单位具体地址门牌号、单位的营业所在地、邮政编码、单位的联系电话。如果是非职务发明,申请人填写个人信息即可。申请人为大学本科生且已完成费减备案的,可以勾选"请求费减且已完成费减资格备案"复选框。

第⑩栏:"联系人"信息,联系人并不一定是发明人其中之一,仅为负责联系的人员。若是代理机构申请,则联系人一般为代理机构的工作人员。对职务发明而言,联系人不能是单位,应为单位中专门管理知识产权的工作人员。当专利授权后,证书将通过挂号信的方式邮寄给联系人。

外观设计专利请求书

代理机构内部编号 53111010002017123001

此框内容由国家知识产权局填写
①
申请号 （外观设计）
②分案提交日
③申请日
④费减审批
⑤挂号号码

⑥使用外观设计的产品名称 传感器

⑦发明人
设计人1 赵祺 □不公布姓名
设计人2 许桂敏 □不公布姓名
设计人3 李东蔚 □不公布姓名

⑧第一发明人国籍 中国 居民身份证件号码

⑨申请人

申请人(1)
姓名或名称：山东建筑大学 用户代码 申请人类型 大专院校
居民身份证件号码或统一社会信用代码/组织机构代码 电子邮箱
☒请求费减且已完成费减资格备案
国籍或注册国家（地区） 中国
省、自治区、直辖市 山东省
市县 济南市
城区（乡）、街道、门牌号 临港开发区凤鸣路
经常居所地或营业所所在地 中国 邮政编码250101 电话

申请人(2)
姓名或名称： 用户代码 申请人类型
居民身份证件号码或统一社会信用代码/组织机构代码
□请求费减且已完成费减资格备案
国籍或注册国家（地区）
省、自治区、直辖市
市县
城区（乡）、街道、门牌号
经常居所地或营业所所在地 邮政编码 电话

申请人(3)
姓名或名称： 用户代码 申请人类型
居民身份证件号码或统一社会信用代码/组织机构代码
□请求费减且已完成费减资格备案
国籍或注册国家（地区）
省、自治区、直辖市
市县
城区（乡）、街道、门牌号
经常居所地或营业所所在地 邮政编码 电话

⑩联系人
姓名 电话
邮政编码 电子邮箱
省、自治区、直辖市
市县

外观设计专利请求书

城区（乡）、街道、门牌号
⑪代表人为非第一署名申请人时声明 特声明第 署名申请人为代表人

⑫专利代理机构
名称 北京中济纬天专利代理有限公司 机构代码 11429
代理人(1) 姓名 李丽 执业证号 1142925203.7 电话 15665839150
代理人(2) 姓名 执业证号 电话

⑬分案申请 原申请号 针对的分案申请号 原申请日 年 月 日

⑭要求优先权声明

序号	原受理机构名称	在先申请日	在先申请号
1			
2			
3			
4			
5			
6			
7			
8			

⑮不丧失新颖性宽限期声明
□已在中国政府主办或承认的国际展览会上首次展出
□已在规定的学术会议或技术会议上首次发表
□他人未经申请人同意而泄露其内容

⑯相似设计 □本案为同一产品的相似外观设计，其所包含的项数为 项。

⑰成套产品 □本案为成套产品的多项外观设计，其所包含的项数为 项。

⑱申请文件清单
1. 外观设计专利请求书 共4页
2. 外观设计图片或照片 共6页
3. 外观设计简要说明 共1页
图片或照片7幅

⑲附加文件清单
1. 专利代理委托书 共2页
总委托书（编号 ）
证明文件备案编号

⑳全体申请人或专利代理机构签章
北京中济纬天专利代理有限公司
2017年12月19日

㉑国家知识产权局审核意见
年 月 日

外观设计专利请求书英文信息表

使用外观设计的产品名称		
设计人姓名	设计人1	
	设计人2	
	设计人3	
申请人名称及地址	申请人1	名称 地址
	申请人2	名称 地址
	申请人3	名称 地址

附页

【设计人】

设计人4	陶亮	□不公布姓名
设计人5	王志鹏	□不公布姓名
设计人6	马晴天	□不公布姓名
设计人7	同玉洁	□不公布姓名
设计人8	杨照林	□不公布姓名

【设计人英文信息】

设计人4	
设计人5	
设计人6	
设计人7	
设计人8	

图4-2 《外观设计专利请求书》的样本

第⑪栏：当有多个申请人时，应当在此栏指明被确定的代表人。若申请人只有一个，则无须填写。

第⑫栏：若委托了专利代理机构，则由对应机构填写此栏。若没有委托，则留空。

第⑬~⑰栏：根据需要填写，一般的申请无须填写。

第⑱~⑲栏：请填写申请文件清单和附加文件清单。

第⑳栏：全体申请人或专利代理机构签章，并附日期。

第㉑栏：由国家知识产权局填写，并附日期。

"外观设计专利请求书英文信息表"：可不填写。

"附页"中需要填写其他设计人，即设计人第四位以后的名字。"设计人英文信息"无须填写。

此部分请对照阅读附录 A 中第一个《外观设计专利请求书》。

(二) 填写要点

(1) 准确性：所有信息必须准确无误，特别是申请人、发明人及设计人的姓名、地址等关键信息。

(2) 规范性：按照专利局提供的模板或格式要求填写，确保所有必填项均已完整填写。

(3) 清晰性：专利名称应简明扼要，能准确反映外观设计产品的核心特征。

(三) 图纸要求与提交规范

(1) 图纸内容：应包含能充分表达产品外观设计的视图，如主视图、后视图、左视图、右视图、俯视图、仰视图等。对某些设计，还需提供立体图或局部放大图。

(2) 视图要求：各视图应比例一致，清晰可辨，无阴影和反光，且线条均匀。

(3) 提交方式：图纸通常以电子形式提交，须符合专利局规定的文件格式和大小要求。

(4) 标注说明：如有必要，可在图纸上标注必要的尺寸、比例或说明文字，但不得影响对产品外观设计的理解。

二、实用新型专利填写指南

(一) 请求书样本

《实用新型专利请求书》与《外观设计专利请求书》的写法非常类似，以下是二者不同的地方。

第⑦栏：实用新型名称由申请者填写。名称应当准确、简明地表达发明创造的主题，一般不得超过 25 个字。并且，一旦名称确认，请在各个文件中均使用该名称，名称必须一致。

第⑧栏：请填入前三位发明人的姓名。若请求不公布其姓名，请在后面"不公布姓名"处打钩，除非有特殊需要保密的场合，该选项可以默认不选择。在发明人中，以第一发明人填写的信息最为重要，因此在书写请求书前，请务必确定发明人的署名顺序。如果发明人不足三名，则留空。

第⑫栏：当有多个申请人时，应当在此栏指明被确定的代表人。若申请人只有一个，则无需填写。

第⑬栏：若委托了专利代理机构，则由对应机构填写此栏。若没有委托，则留空。

第⑭~⑲栏：根据需要填写，一般的申请无须填写。

第⑳栏：请填写各申请文件最终版的页数。

第㉑栏：一般不需要填写。

第㉒栏：全体申请人或专利代理机构签章，并附日期。

第㉓栏：由国家知识产权局填写，并附日期。

"实用新型专利请求书英文信息表"：可不填写。

"附页"中需要填写其他发明人，即发明人第四位以后的名字。"发明人英文信息"无须填写。

此部分请对照阅读附录 A 中第二个《实用新型专利请求书》。

(二) 填写注意事项

(1) 技术方案描述：应清晰、准确地描述实用新型的技术方案，包括其结构、组成、工作原理及实现效果等。避免使用模糊或不确定的表述。

(2) 创新点突出：明确指出实用新型的创新点或改进之处，这是评估专利新颖性和创造性的关键。

(3) 技术背景与现有技术：简要介绍与实用新型相关的技术背景及现有技术，以说明本实用新型的技术进步和解决的问题。

(4) 技术方案描述的清晰性与准确性。

① 结构描述：详细描述实用新型的组成部件及其相互关系，可结合图纸进行说明。

② 工作原理：阐述实用新型的工作原理或操作步骤，使读者能够理解其如何实现预期的功能或效果。

③ 效果评价：对实用新型的技术效果进行客观评价，包括但不限于提高效率、降低成本、增强稳定性等方面。

三、发明专利填写指南

(一) 请求书样本

《发明专利请求书》与《外观设计专利请求书》的写法非常类似，以下是二者不同的地方。

第⑦栏：发明名称由申请者填写。名称应当准确、简明地表达发明创造的主题，一般不得超过 25 个字。并且，一旦名称确认，请在各个文件中均使用该名称，名称必须一致。

第⑭栏：根据需要填写，仅在分案申请时填写。

第⑮栏：根据需要填写，仅在生物材料样品申请时填写。

第⑯栏：根据需要填写，仅在涉及核苷酸或氨基酸序列表申请时填写。

第⑰栏：根据需要填写，仅在涉及遗传资源的申请时填写。

第⑱栏：根据需要填写，仅在要求优先权声明时填写。

第⑲栏：根据需要填写，仅在需要不丧失新颖性宽限期声明时填写。具有三种情况，该三种情况将不影响发明专利的申请。

第⑳栏：根据需要填写，仅在需要进行保密请求时填写。

第㉑栏：根据需要填写，仅在本项目需要同时申请实用新型专利时打钩。

第㉒栏：根据需要填写，仅在需要提前公布时填写。

第㉓栏：根据需要填写，需要制定摘要附图时填写。

第㉔~㉕栏：请填写文件的份数及页数。

第㉖栏：全体申请人或专利代理机构签字或者盖章，并附日期。

第㉗栏：由国家知识产权局填写，并附日期。

此部分请对照阅读附录 A 中第三个《发明专利请求书》。

(二) 填写要点

(1) 背景技术：详细介绍与发明相关的技术背景，指出现有技术存在的问题或不足。

(2) 发明内容：明确发明的目的、技术方案及有益效果。技术方案应详细阐述发明的具体实现方式，包括技术方案的整体构思、各组成部分及其相互关系等。

(3) 附图说明：对《说明书》中的附图逐一进行说明，解释各视图所表达的内容及其与发明技术方案的关系。

(4) 具体实施方式：给出至少一种实现发明的具体方式或实例，以证明发明的可行性和实用性。

(三) 《权利要求书》的撰写技巧与策略

(1) 清晰界定：权利要求书应清晰、准确地界定发明的保护范围，避免模糊或不确定的表述。

(2) 层次分明：权利要求书应按照从属关系进行排列，独立权利要求在前，从属权利要求在后。

(3) 合理布局：合理安排权利要求的数量和布局，既要覆盖发明的核心技术特征，又要避免过于宽泛或狭窄。

(4) 引用关系：从属权利要求应合理引用其直接或间接的上级权利要求，以明确其保护范围与上级权利要求之间的关系。

通过以上指南，申请人可以更加专业、准确地填写各类专利申请书，提高专利申请的成功率。

通过本章的学习，我们对创意的来源、如何进行创新性检索以及专利申请书的基础撰写技巧有了全面的了解。然而，理论与实践之间往往存在差距，将这些理论知识转化为实际操作的技能是每位创新者都需要面对的挑战。在接下来的"专利撰写实战指南"章节中，我们将从理论走向实践，通过具体的案例分析，详细解读专利撰写的各个环节，探索如何将一个抽象的创意转化为一份结构严谨、表述清晰的专利申请文件。

复习思考题

1. 请在生活或生产中寻找一个创意，并进行创新性检索，用书面(电子版)记录检索结果。格式如下。

有关_____创意的检索报告

密切相关的文献有 xx 篇。

其中密切相关文本如下：

相关的文献有 xx 篇。

其中相关的文本如下：

检索日期：xx 年 xx 月 xx 日。

当然，完成检索报告并不是最终目的，我们最终需要的是"经检索无密切相关文献"的创意。因此，本题可能需要重复进行多次，也可能需要花费大量时间。然而，若不完成这一步骤，则后续作业将无法开展。

2. 请根据自己创意的实际情况，下载发明、实用新型或外观设计专利的请求书样本尝试填写。因专利文本尚未完成，请务必先不要向国家知识产权局专利电子申请网进行提交。请保留请求书的电子版以便于以后查询。

3. 张三曾在国外某英文网站上发现一种技术方案，认为很有价值。经过检索，发现国内各大学术和网页搜索引擎均未记载。如果张三将此技术方案申请为发明专利(假设该技术方案基本符合发明专利的"三性")，能否被顺利授予专利权？

4. 若将第 3 题中的"国外某英文网站"换为"淘宝网"，那么结果会怎么样？

5. 张小三在学校期间与自己的科学课王老师讨论了"升降黑板"的改进方法，老师提出了一种方法并口头讲述给张小三。张小三认为此想法很好，随后申请并授权了实用新型专利。请问，张小三的行为是否构成侵权？如果你认为张小三的创意并非完全由他自己提出的，那么他的专利即便被授权，是否在"专利评价过程中"(即开具专利评价报告后)会被判为无效？

说明：凡是涉及在国家知识产权局及其下属网站的操作，可能因为网站改版、相关政策变化等，出现操作过程和步骤等变化，一切请以官网给出的改版说明和教程为准。

第五章
专利撰写实战指南

专利撰写直接关联着技术创新的认可与保护。专利撰写的质量直接影响到专利权的稳定性、保护范围及未来的商业价值。一份高质量的专利文件能够清晰地界定专利权的边界，有效防止他人侵权，为创新者提供坚实的法律盾牌。专利撰写不仅是一项文字工作，更是一项融合了技术、法律与商业智慧的综合性工作。它要求撰写者不仅要具备深厚的专业知识背景，能够精准捕捉技术创新点，还要熟悉专利相关的法律法规，掌握专利撰写的技巧与策略。只有这样，才能将技术创新成果转化为具有法律效力的专利文件，确保创新者的权益得到全面且有效的保护。

在创新创业的过程中，专利撰写实战训练显得尤为重要。本章内容旨在帮助读者掌握专利撰写的基本技能与高级策略，提升专利文件的质量与竞争力，为创新成果的法律保护与商业化运作提供有力支撑。

第一节 撰写前的准备工作

在本节的学习中，我们将深入剖析在专利撰写前应该做好的准备工作，从全面的技术挖掘与分析，到精准的权利要求布局，再到详尽的文档准备，每一步都凝聚着对创新的深刻理解与尊重。这些准备工作不仅关乎专利的质量与成败，更是对创新者智慧与汗水的最好致敬。

一、技术挖掘与分析

撰写一份专利，技术挖掘与分析是不可或缺的起点。无论是全面的技术调研，还是市场需求与技术趋势的考量，它都如同探险家在出发前精心绘制的地图，指引着我们在浩瀚的技术海洋中精准定位，发现那些未被触及的宝藏——创新性的技术点。

(一) 全面的技术调研

技术调研是技术挖掘的第一步，它是指对所在领域的技术现状进行全面而深入的了解。这一过程不限于对技术本身的探索，更包括对技术应用的广泛考察，以识别出潜在的创新空间。这一过程包括查阅相关领域的专利文献、学术论文、技术报告以及市场分析报告等，同时关注竞争对手的技术动态，以全面把握行业技术发展趋势。

(1) 查阅相关文献。文献是技术知识的宝库，它记录了人类在历史长河中积累的智慧与经验。在进行技术调研时，查阅相关文献是获取基础知识和最新进展的重要途径。这包括但不限于专利文献、学术论文、技术报告、行业标准等。

实际案例：某公司针对"智能家居控制技术"的文献查阅情况，如下所述。

在智能家居领域，某公司在研发新一代语音控制技术时，首先进行了广泛的文献调研。他们通过专利数据库检索了国内外关于语音识别、自然语言处理、智能家居控制等方面的专利文献，了解了当前技术的发展水平和专利布局情况。同时，他们还查阅了相关领域的学术论文和技术报告，掌握了最新的研究成果和技术趋势。通过这一系列的文献调研，该公司不仅明确了自身技术的定位，还发现了多个潜在的创新点，为后续的技术开发和专利申请提供了有力支持。

(2) 分析竞争对手的技术方案。竞争对手是我们在市场中直接面对的挑战者，他们的技术方案往往代表了行业内的先进水平。分析竞争对手的技术方案，可以帮助我们了解市场的竞争格局和技术发展动态，从而找到自身的优势和不足，为技术创新提供方向。

实际案例：某公司针对"电动汽车电池技术"竞争对手技术方案进行分析，如下所述。

在电动汽车领域，电池技术是关键所在。某公司在研发新型高能量密度电池时，对国内外主要电动汽车制造商的电池技术进行了深入分析。他们通过拆解竞争对手的电动汽车、收集电池样品、进行性能测试等方式，获取了第一手的技术资料。同时，他们还关注了竞争对手的专利申请情况，分析了其技术方案的优缺点和保护范围。通过这一系列的竞争对手分析，该公司不仅发现了自身技术的不足之处，还找到了创新的突破口，最终成功研发出具有自主知识产权的新型高能量密度电池。

(二) 关注市场需求与技术趋势

在挖掘技术点时，除了技术本身的先进性，还需紧密关注市场需求和技术趋势。只有将技术创新与市场需求、技术趋势相结合，才能确保专利的商业价值和社会价值。

(1) 关注市场需求。市场需求是技术发展的原动力。一个具有商业价值的技术点，必须能够满足市场的实际需求或解决市场的痛点问题。因此，在进行技术挖掘时，需要密切关注市场动态和消费者需求的变化趋势。

实际案例：某公司针对"可穿戴医疗设备"进行深入市场调研，如下所述。

在医疗健康领域，可穿戴医疗设备因其便捷性和实时性而备受关注。某公司在研发一款新型可穿戴心电图监测设备时，首先进行了深入的市场调研。他们发现随着人们健康意识的提高和老龄化社会的到来，心血管疾病的发病率逐年上升且呈现年轻化趋势。同时，传统的心电图监测设备存在操作复杂、不便携等缺点，无法满足患者的日常需求。基于这一市场需求分析，该公司确定了研发方向，即开发一款操作简单、便携且能实时监测心电图的可穿戴设备。最终该设备成功上市并获得了市场的广泛认可。

(2) 把握技术趋势。技术趋势是指导我们进行技术创新的重要参考。它代表了未来技术发展的方向和热点领域。在进行技术挖掘时，需要密切关注技术趋势的变化，以便及时调整研发方向和战略布局。

实际案例：某公司成功捕捉"人工智能与物联网的融合"技术趋势，如下所述。

随着人工智能和物联网技术的快速发展，两者之间的融合已成为不可逆转的趋势。某公司在研发智能家居系统时敏锐地捕捉到了这一技术趋势。他们意识到，通过将人工智能技术融入物联网设备可以实现更加智能化、个性化的家居体验。因此，该公司将研发重点放在了人工智能算法的优化和物联网设备的互联互通上。经过不懈努力，他们成功开发出了一套集语音识别、智能控制、数据分析等功能于一体的智能家居系统。该系统不仅提升了用户的居住体验，还为企业带来了可观的商业价值。

二、权利要求布局

在专利撰写中，权利要求布局直接关系到专利的保护范围、稳定性和维权效率。在撰写前的准备工作中，应充分了解技术创新的特点和应用场景，合理设置单一权利要求和从属权利要求，并遵循多角度布局、分层次布局等策略和全面覆盖、清晰性、合理保护范围、有利于维权等原则。只有这样，才能构建出全面、稳定、有效的专利保护网络，为技术创新提供坚实的法律保障。

(一) 合理设置权利要求

权利要求书是专利文件的核心部分，它界定了专利权的保护范围。在撰写专利时，需要根据技术点的特点合理设置单一权利要求和从属权利要求，以形成多层次的保护网络。单一权利要求应简洁明了地概括出技术方案的核心内容，而从属权利要求则可以在此基础上进一步细化、扩展或限制保护范围。

(1) 单一权利要求的设置。单一权利要求，即独立权利要求，是专利保护的核心，它定义了专利的最基本保护范围。在设置单一权利要求时，应明确技术创新的核心点，确保独立权利要求能够全面覆盖发明创造的精髓。

(2) 从属权利要求的设置。从属权利要求是在独立权利要求的基础上，通过增加技术特征来进一步限定保护范围。从属权利要求的作用在于构建多层次的保护网络，提高专利的稳定性和维权效率。

以智能家居控制系统为例，某公司在申请其智能家居控制技术的专利时，首先撰写了一条单一权利要求，概括了该系统通过无线网络实现家居设备远程控制的基本功能。随后，该公司又撰写了多条从属权利要求，分别针对不同类型的家居设备(如智能照明、智能安防等)、不同的控制方式(如语音控制、手势识别等)，以及特定的应用场景进行了细化描述。这样的权利要求布局既保证了专利权的稳定性(通过单一权利要求的简洁概括)，又扩大了保护范围(通过从属权利要求的详细描述)，为公司在智能家居领域的布局提供了有力的法律支持。

(二) 权利要求布局的策略和原则

(1) 权利要求布局策略。

① 多角度布局：是指从多个维度对技术创新进行保护，以形成全面的保护网络。这包括从产品、方法、设备等不同角度进行布局，以及从上下游产业链的不同环节进行布局。以地震数据处理方法的专利案例为例，除了对数据处理方法进行保护，还可以对用于实施该方法的设备(如计算机、服务器等)进行保护，形成"方法+设备"的双重保护

网络。此外，还可以考虑对数据处理过程中产生的数据格式、存储介质等进行保护，以进一步拓展保护范围。

② 分层次布局：是指将技术创新划分为不同的层次，并针对不同层次设置相应的权利要求。这有助于在维权时根据侵权行为的严重程度选择不同的权利要求进行主张。例如，在铅笔的案例中，可以将铅笔的发明点划分为多个层次进行保护。首先，对增设橡皮的铅笔进行独立权利要求保护；然后，通过从属权利要求进一步限定橡皮的固定方式、笔杆的材料等细节特征。这样的分层次布局既能够确保核心发明点得到全面保护，又能够在面对不同侵权行为时提供灵活的维权策略。

(2) 权利要求布局原则。

① 全面覆盖原则：是指在设置权利要求时，应尽可能覆盖技术创新的各个方面和可能的应用场景。这有助于确保专利在面临不同侵权行为时都能够得到有效保护。

② 清晰性原则：是指权利要求的表述应清晰、准确、无歧义。这有助于在专利审查和维权过程中减少不必要的争议和误解。

③ 合理保护范围原则：是指在设置权利要求时，应确保保护范围既不过于宽泛而难以获得授权，也不过于狭窄而难以有效保护技术创新。这需要在专利撰写过程中进行权衡和取舍。

④ 有利于维权原则：是指在设置权利要求时，应充分考虑后续维权的便利性和效率。例如，可以通过设置从属权利要求来构建多层次的保护网络，以便在维权时根据侵权行为的严重程度选择不同的权利要求进行主张。

以半导体芯片设计技术为例，某芯片设计公司在申请其新型芯片架构的专利时采用了较为谨慎的权利要求布局策略。考虑到该领域技术更新迅速且竞争激烈，该公司首先撰写了一条较为宽泛的单一权利要求，以覆盖整个芯片架构的基本构思；随后在此基础上逐步细化从属权利要求，分别针对芯片的具体功能模块、电路设计以及制造工艺等方面进行了详细描述。这样的布局策略既保证了专利权的稳定性(通过宽泛的单一权利要求覆盖核心技术构思)，又为未来可能的技术升级和市场拓展预留了空间(通过详细的从属权利要求提供具体的实施方案和技术细节)。

三、文档准备

(一) 收集相关技术资料

(1) 技术交底书。技术交底书是专利申请的基础文档,通常由发明人提供,包含发明的技术背景、目的、技术方案、实施方案及预期效果等关键信息。它是专利代理人或撰写人理解发明内容、构建权利要求书和保护范围的重要依据。技术交底书的详尽程度直接影响专利撰写的质量和保护效果。例如,在申请智能手机解锁系统的专利时,技术交底书应详细描述指纹识别、面部识别和虹膜扫描等生物识别技术的具体实现方式,包括但不限于传感器的选型、识别算法的流程、解锁控制器的逻辑设计等。技术交底书为专利撰写提供了原始素材和思路,帮助撰写人快速理解发明内容,把握发明精髓,为后续的权利要求布局和《说明书》撰写奠定了基础。

(2) 现有技术文献。在撰写专利前,收集并分析相关领域的现有技术文献是不可或缺的步骤。这些文献包括专利文献、学术论文、技术报告、产品说明书等,它们反映了当前技术的发展水平和趋势,有助于明确发明的创新点和区别特征,合理确定保护范围,避免与现有技术重复,提高了专利的新颖性和创造性。

(二) 收集实验数据

在一些发明专利申请中,针对发明内容设计合理的实验方案,并详细记录实验数据,是验证发明有效性和创新性的重要依据。实验设计应涵盖发明的关键技术点,确保实验数据能够充分支持发明的有效性。例如,在申请智能手机解锁系统的专利时,可以设计一系列实验来验证不同生物识别技术的识别率、解锁速度、安全性等性能指标。这些实验应包括不同环境条件下的测试,如光照变化、手指湿度、面部遮挡等情况下的识别效果。实验数据的记录也应该力求精准,包括实验条件、操作步骤、观测结果等,以便后续分析和验证。

(三) 收集设计图纸

(1) 产品设计图纸。对涉及产品的发明专利申请,产品设计图纸是必不可少的资料。设计图纸应清晰、准确地展示产品的结构、组成部件及相互之间的连接关系。例如,在申请智能手机解锁系统的专利中,虽然主要关注软件算法方面的创新,但如果涉及手机硬件的改进(如传感器布局、解锁按钮设计等)，也需要提供相应的产品设计图纸。

(2) 流程图与示意图。对涉及方法或工艺的发明专利申请，流程图与示意图是不可或缺的辅助资料。它们能够直观地展示方法的步骤流程、操作条件及预期效果，用于支持权利要求的撰写和《说明书》的描述，提高专利文件的可读性和易理解性。

文档准备是专利撰写前不可或缺的重要步骤。通过收集相关技术资料、实验数据、设计图纸等，撰写人能够全面了解发明的技术内容、创新点及保护需求，为后续的专利撰写工作奠定坚实基础。

第二节　实战案例分析一：发明专利撰写

在本节的学习中，笔者将通过一个发明专利案例——《一种大掺量干拌式橡胶沥青混合料投料装置》(专利号：CN118270451A)(详见附录 B)，来详细解析发明专利的撰写过程。这一案例将帮助我们理解如何精炼概括发明内容、分析现有技术不足、详细阐述发明内容及技术方案，并最终给出具体实施方式。

一、案例背景

(1) 专利名称：《一种大掺量干拌式橡胶沥青混合料投料装置》。

(2) 专利摘要：本发明公开了一种大掺量干拌式橡胶沥青混合料投料装置，涉及橡胶沥青原料输送技术领域。本发明包括机架，所述机架的顶部固定安装有辊架，所述辊架的内部转动安装有主动输送辊与从动输送辊，所述主动输送辊与从动输送辊通过静电输送皮带传动连接，所述静电输送皮带的外侧设置有送料盒，所述送料盒的内部设置有橡胶内胆，所述橡胶内胆与送料盒内壁之间设置有复位弹力绳，所述送料盒的右侧设置有控制气阀，所述送料盒的左侧设置有排气阀；还包括水罐。本发明通过送料盒的设置，使粉末输送至存放在送料盒中，同时静电输送皮带使送料盒产生静电，对粉末产生吸附力，使粉末在输送过程中不易飞扬，输送量大，不易污染环境。

《一种大掺量干拌式橡胶沥青混合料投料装置》专利的外观示意图如图 5-1 所示。

图5-1　《一种大掺量干拌式橡胶沥青混合料投料装置》专利的外观示意图

二、撰写过程拆解

(一) 标题与摘要

在发明专利的撰写过程中,标题和摘要是吸引审查员及潜在投资者注意的关键部分。它们不仅是整个申请文件的门面,更是决定申请能否快速获得关注与深入评估的重要因素。以下将以《一种大掺量干拌式橡胶沥青混合料投料装置》专利为例,详细解析如何精炼概括发明内容,阐述如何撰写出具有吸引力的标题和摘要。

(1) 标题的撰写。标题是专利申请的"眼睛",需要简洁明了地反映出发明的核心内容和主要技术特点。在撰写标题时,应注意以下几个要点。

① 突出技术亮点:标题应直接点明发明的技术亮点或独特之处。例如,《一种大掺量干拌式橡胶沥青混合料投料装置》专利名称中的"大掺量干拌式",即体现了该装置的技术特色和应用优势。

② 明确技术领域:在标题中明确发明的技术领域,有助于审查员和读者快速定位和理解发明的应用背景。例如,上述标题中的"橡胶沥青混合料投料装置"清晰地指出了该发明的应用领域。

③ 简洁精炼:标题应尽可能简短,避免冗长和复杂的表述。标题字数一般控制在20个字以内,确保一目了然。

④ 避免模糊用语:标题中应使用准确、具体的术语,避免使用模糊或泛泛而谈的

词语，以保证标题的准确性和指向性。

(2) 摘要的撰写。摘要是对发明内容的简要概述，是审查员和潜在投资者了解发明全貌的重要窗口。例如，《一种大掺量干拌式橡胶沥青混合料投料装置》专利的摘要，简洁明了地介绍了发明的技术方案和主要优点，如下所述。

- 技术背景：简要说明了橡胶沥青混合料的特性和改性工艺。
- 技术方案：通过送料盒和静电输送皮带的设置，实现了粉末的稳定输送和防飞扬。
- 主要优点：输送量大、不易污染环境、减少了粉末浪费。

在撰写摘要时，应注意以下几个要点。

① 全面概括：摘要应全面概括发明的技术方案、主要技术特点和有益效果，既要体现发明的整体框架，又要突出其核心内容。

② 条理清晰：摘要应按照逻辑顺序进行撰写，先介绍发明的背景和技术问题，再阐述技术方案和具体实施方式，最后总结有益效果。

③ 简洁明了：摘要的语言应简洁明了，避免冗长和复杂的描述。尽量使用专业术语，但对非专有名词应进行适当解释，以确保读者能够准确理解。

④ 突出重点：在摘要中应突出发明的技术亮点和创新点，以吸引审查员和潜在投资者的注意。同时，也要指出发明的实际应用价值和市场前景。

⑤ 规范格式：摘要的撰写应遵循一定的格式要求，如字数限制、段落划分等。一般来说，摘要的字数应控制在 300 字以内，以确保其精炼性和可读性。

(二) 背景技术

背景技术部分是专利申请文件的开篇之作，它是对现有技术的全面回顾和总结。通过深入剖析现有技术的优点与不足，能够清晰地展现出本发明的背景环境和技术挑战，为后续的技术方案提供坚实的支撑。同时，背景技术的详细阐述也有助于增强发明的可信度和实用性，提高专利申请的成功率。通过《一种大掺量干拌式橡胶沥青混合料投料装置》专利的背景技术介绍，我们可以了解如何撰写背景技术分析。

(1) 分析现有技术的不足。在撰写背景技术部分时，首先需要广泛收集并深入分析与本发明相关的现有技术资料。这些资料可以来源于专利文献、学术论文、技术标准等。通过对比不同技术的优缺点，可以清晰地识别出现有技术的不足之处。

以《一种大掺量干拌式橡胶沥青混合料投料装置》专利为例，现有技术可能存在的不足包括以下几个要点。

① 粉末飞扬问题：现有投料装置在输送粉末时，由于缺少有效的防飞扬措施，粉末容易飘散到空气中，造成环境污染和粉末浪费。

② 输送能力有限：现有投料装置在输送大量粉末时，由于设计上的局限性，往往无法满足大掺量干拌式工艺的需求，限制了生产效率。

③ 缺乏智能化控制：传统投料装置大多采用手动操作或简单的机械控制，缺乏智能化控制手段，难以实现精确投料和自动化生产。

(2) 明确发明的必要性和创新性。在分析了现有技术的不足之后，需要明确本发明的必要性和创新性。这包括阐述本发明旨在解决的具体技术问题、所采用的技术方案以及相对于现有技术的优势。

以《一种大掺量干拌式橡胶沥青混合料投料装置》专利为例，其必要性和创新性可以表述为以下几个要点。

① 必要性。

- 解决粉末飞扬问题：通过送料盒和静电输送皮带的设置，实现了粉末的稳定输送和防飞扬，有效减少了环境污染和粉末浪费。
- 提高输送能力：该装置能够满足大掺量干拌式工艺的需求，提高了生产效率，降低了生产成本。
- 适应市场需求：随着橡胶沥青混合料在路面工程中的广泛应用，对高效、环保的投料装置需求日益增加，该发明的出现正好填补了市场空白。

② 创新性。

- 技术创新：该装置采用了送料盒和静电输送皮带的创新设计，实现了粉末的稳定输送和防飞扬，是对传统投料装置的一次重大改进。
- 结构优化：通过合理布局和控制凸块的设计，提高了装置的稳定性和可靠性，延长了装置的使用寿命。
- 智能化控制：虽然专利文本中未直接提及智能化控制，但可以预见在未来的改进版本中，加入智能化控制手段将进一步提升装置的自动化水平和生产效率。

(三) 发明内容与技术方案

在发明专利的撰写中，发明内容与技术方案直接体现了发明的创新本质、解决问题的具体方式及其带来的技术效果。我们将详细探讨如何在这一环节中，既全面又精准地阐述发明的技术问题、解决方案及有益效果，并重点展示发明的创新点。

(1) 明确技术问题。清晰地界定本发明所要解决的具体技术问题，需要发明人深入分析现有技术的不足，明确技术瓶颈或市场需求中的痛点，发明人可以从技术背景、技术问题、发明目的三个方面进行撰写。在《一种大掺量干拌式橡胶沥青混合料投料装置》专利中，技术问题可能包括现有投料装置在输送大掺量干拌材料时效率低下、粉末飞扬严重、设备复杂度高且维护困难等。本发明的技术问题阐述如下。

① 技术背景：橡胶和沥青同属高分子有机材料，具备一定程度的天然亲和性。将废旧轮胎制成橡胶粉掺加到沥青中，不仅能有效利用废旧轮胎，还能提高沥青的性能，从而延长沥青路面的使用寿命。然而，现有的沥青原料输送装置存在输送种类单一、输送量受限、粉末易飞扬等问题。

② 技术问题：针对上述技术背景，本发明旨在解决以下问题：一是现有螺旋输送装置无法同时输送多种粉末，且输送量受体积限制；二是输送带输送时粉末容易飞扬，造成环境污染和原料浪费。

③ 发明目的：本发明的目的在于提供一种大掺量干拌式橡胶沥青混合料投料装置，通过改进输送方式和结构，实现多种粉末的同时输送，减少粉末飞扬，提高输送效率和环保性。

(2) 阐述解决方案。针对上述技术问题提出创新性的技术手段，详细阐述本发明的解决方案。在描述时，应注重逻辑性和条理性，将技术方案分解为若干个关键技术点或步骤，并逐一说明。例如，对上述投料装置，可以介绍其采用的新型静电输送技术、送料盒的设计原理、橡胶内胆的清洁机制等。这些技术点的详细描述，应充分展现发明的独特性和先进性。本发明的解决方案阐述如下。

① 机架与辊架：机架顶部固定安装有辊架，辊架内部转动安装有主动输送辊与从动输送辊。

② 静电输送皮带：主动输送辊与从动输送辊通过静电输送皮带传动连接，静电输送皮带外侧设置有送料盒。

③ 送料盒与橡胶内胆：送料盒内部设置有橡胶内胆，橡胶内胆与送料盒内壁之间设置有复位弹力绳。送料盒右侧设置有控制气阀，左侧设置有排气阀。

④ 水罐与气路系统：水罐设置在机架右侧，通过进气管、三通电磁阀、副管及连接主管与送料盒相连通，实现气体的通断和加湿。

以上技术方案相互配合，共同构成了《一种大掺量干拌式橡胶沥青混合料投料装置》

专利的完整技术方案。

(3) 展示有益效果。有益效果是评估发明价值的重要标准之一，有助于增强发明的吸引力和说服力。在阐述技术方案后，应明确指出本发明所带来的技术效果和社会经济效益。这些效果可以包括提高生产效率、降低成本、改善环境、提升产品质量等方面。在《一种大掺量干拌式橡胶沥青混合料投料装置》专利中，重点强调其提高了投料效率、减少了粉尘污染、简化了设备结构，并降低了维护成本等有益效果。本发明的有益效果展示如下。

① 提高输送效率和稳定性：通过采用静电输送皮带和送料盒的设计，本发明实现了多种粉末的同时输送，大大提高了输送量，满足了大掺量干拌式工艺的需求。同时，静电吸附作用确保了粉末在输送过程中的稳定性，减少了因粉末飞扬而导致的堵塞和浪费问题。

② 环保效果显著：在现有的投料装置中，粉末飞扬是一个普遍存在的问题，不仅污染了环境，还造成了原料的浪费。而本发明的静电输送皮带和送料盒设计有效地解决了这一问题，通过静电吸附作用将粉末牢牢地吸附在送料盒内，减少了粉末的飞扬，从而大大降低了环境污染的风险。

③ 降低运行成本：通过橡胶内胆的复位弹力绳设计和水罐的冷却作用，本发明能够减少粉末在输送过程中的黏附现象，降低了清洗和维护的难度和成本。同时，由于输送效率的提高，也减少了生产过程中的能耗和人力成本。

④ 提高产品质量：通过精确控制投料量和投料时间，本发明确保了橡胶沥青混合料的均匀性和稳定性，从而提高了产品的整体质量。这对于提高沥青路面的使用性能和延长使用寿命具有重要意义。

(4) 重点展示创新点。创新点是发明的灵魂所在，重点展示创新点可以进一步提升发明的核心竞争力和市场价值。在撰写的过程中，应重点展示本发明的创新点，即与现有技术相比，本发明在哪些方面实现了突破或改进。创新点的展示可以通过对比现有技术、列举具体实例或引用实验数据等方式进行。在《一种大掺量干拌式橡胶沥青混合料投料装置》专利中，突出了其静电输送技术的独特性、送料盒设计的巧妙性以及橡胶内胆清洁机制的创新性等创新点。本发明的创新点展示如下。

① 静电输送皮带的创新应用：传统的输送带在输送粉末时容易产生飞扬现象，而本发明通过静电吸附作用有效地解决了这一问题。静电输送皮带的设计不仅提高了输送效率，还显著降低了环境污染的风险。

② 送料盒与橡胶内胆的巧妙结合：送料盒内部设置橡胶内胆并通过复位弹力绳固定，这一设计使得送料盒在输送过程中能够自动复位并震落表面沾染的粉末，减少了粉末的浪费。同时，橡胶内胆的柔软性也确保了与静电输送皮带的紧密贴合，进一步提高了输送效果。

③ 水罐与控制气阀的联合作用：通过水罐向送料盒内通入气体并携带水分以消除橡胶内胆上的静电，这一设计巧妙地解决了静电吸附后粉末难以清除的问题。同时，通过干燥气体的吹干作用，确保了橡胶内胆的干燥状态，为下一次静电吸附做好了准备。

综上所述，发明内容与技术方案的撰写是发明专利申请过程中的关键环节。通过明确技术问题、详细阐述解决方案、展示有益效果并重点展示创新点，可以充分展现发明的创新性和实用性，提高专利申请的成功率。专利申请人应注重掌握这些撰写技巧和方法，以提升专利撰写能力和创新创业能力。

(四) 具体实施方式

在发明专利的撰写中，具体实施方式详细描述了发明的实际应用场景、操作步骤、操作条件以及预期效果，是确保发明可实施性的关键因素。

(1) 明确实施场景与前提条件。在描述具体实施方式之前，需要明确发明的实施场景和前提条件。这包括发明的应用领域、所需设备、材料、环境等。例如，在撰写《一种大掺量干拌式橡胶沥青混合料投料装置》专利的具体实施方式时，应首先说明该装置适用于哪些类型的工程项目，需要哪些辅助设备，以及工作环境的特殊要求等。

(2) 详细阐述操作步骤。发明的具体操作步骤应当清晰、连贯，能够引导读者按照顺序进行操作。在描述时，可以采用流程图、示意图等辅助工具，使步骤更加直观易懂。对关键步骤应进行重点说明，解释其原理、作用及可能遇到的问题和解决方案。本发明实施步骤详细阐述如下。

① 设备组装与准备：将机架、辊架、主动输送辊、从动输送辊、静电输送皮带、送料盒、橡胶内胆、复位弹力绳、控制气阀、排气阀和水罐等部件按照图纸要求进行组装；确保各部件之间的连接牢固，无松动现象；检查静电发生器、电机、三通电磁阀等电气元件是否正常工作。

② 原料准备与投放：将橡胶粉、骨粉与沥青等原料分别准备好，并放置于指定的位置；打开送料盒的盖子，将各种原料依次倒入送料盒中。由于送料盒内部有分隔设计，因此不同种类的原料可以分别存放，互不影响。

③ 启动输送系统：接通电源，启动电机，使主动输送辊开始转动，通过静电输送皮带带动从动输送辊同步转动；静电输送皮带在转动过程中产生静电，对送料盒内的粉末产生吸附力，确保粉末在输送过程中不易飞扬。

④ 气体控制与橡胶内胆操作：通过控制气阀向送料盒内通入气体，使橡胶内胆膨胀。当需要停止通气时，关闭气阀，复位弹力绳将橡胶内胆复位；反复通断气体，使橡胶内胆反复膨胀和复位，将表面沾染的粉尘震落，减少粉末浪费。

⑤ 水罐与静电消除：当需要消除橡胶内胆上的静电时，通过水罐向送料盒内通入携带水分的气体。水分与橡胶内胆接触后，静电被消除；随后，通过三通电磁阀切换气源，只通入干燥气体，将橡胶内胆吹干，为下一次静电输送做好准备。

⑥ 监控与调整：在整个输送过程中，需要密切关注设备的运行状态和输送效果。如发现异常情况，应及时停机检查并调整；根据实际需求，适时调整输送速度、气体流量等参数，以达到最佳输送效果。

(3) 明确操作条件与参数。除了操作步骤，操作条件与参数也是具体实施方式中不可或缺的内容。这些条件包括温度、压力、时间、速度等物理参数，以及设备规格、材料性质等条件。明确这些条件，有助于确保发明在不同环境下的稳定性和可靠性。在描述时，应尽可能给出具体的数值范围或标准，以便读者参考。

例如，在撰写《一种大掺量干拌式橡胶沥青混合料投料装置》专利的具体实施方式时，为确保发明的可实施性，一般需要明确以下操作条件。

① 环境温度与湿度：设备应在适宜的环境温度和湿度下运行，避免极端天气对设备性能的影响。

② 电气元件要求：静电发生器、电机、三通电磁阀等电气元件应符合相关安全标准和要求，确保设备安全稳定运行。

③ 原料质量：原料应符合相关技术标准和要求，确保输送过程中的稳定性和产品质量。

(4) 展示预期效果与实验数据。为了证明发明的有效性和实用性，具体实施方式中应展示预期效果及实验数据。这些效果可以包括生产效率的提升、成本的降低、产品质量的改善等方面。而实验数据则可以通过对比实验、性能测试等方式获得，以客观反映发明的实际效果。在展示数据时，应注重数据的准确性和可靠性，避免夸大其词或误导读者。

例如，在撰写《一种大掺量干拌式橡胶沥青混合料投料装置》专利的具体实施方式时，预期可以达到以下效果。

① 高效输送：实现多种粉末的同时输送，大大提高输送效率和稳定性。

② 环保节能：减少粉末飞扬现象，降低环境污染风险；同时降低能耗和人力成本。

③ 产品质量提升：确保橡胶沥青混合料的均匀性和稳定性，提高产品质量。

(5) 确保可实施性与可重复性。具体实施方式的撰写应确保发明的可实施性和可重复性。这意味着所描述的操作步骤、条件与参数应具有可操作性，读者能够按照描述进行实际操作并达到预期效果。同时，为了避免歧义和误解，描述中应尽量避免使用模糊或含糊不清的词语和表达方式。

综上所述，详细阐述发明的具体实施步骤、操作条件及预期效果是专利撰写中不可或缺的一部分。它不仅有助于审查员评估专利的可实施性，还能为潜在的投资者和使用者提供清晰的操作指南。

三、审查意见应对

在发明专利的申请过程中，审查意见是不可避免的重要环节。它不仅指出了申请中的不足或问题，还提供了改进和完善的机会。

(一) 常见审查意见类型

(1) 新颖性质疑。新颖性是发明专利申请的基本要求之一，它指的是该发明在申请日之前未被公开过，也未被其他人或机构申请过专利。例如，在《一种大掺量干拌式橡胶沥青混合料投料装置》的案例中，如果审查员认为该装置的部分结构或工作原理在申请日前已有类似技术公开，那么就会提出新颖性质疑。

针对新颖性质疑，可以采取以下应对策略。

① 仔细比对现有技术与本发明的差异，明确指出发明的新颖性所在。

② 引用对比文件，详细阐述本发明的创新点和技术进步。

③ 补充实验数据或用户反馈，证明本发明的实际应用效果和优越性。

(2) 创造性质疑。创造性是指与现有技术相比，该发明具有突出的实质性特点和显著的进步。创造性质疑通常涉及发明的技术高度和复杂程度。

针对创造性质疑，可以采取以下应对策略。

① 深入分析本发明的技术方案，突出其与现有技术的显著区别。

② 通过技术对比，展示本发明在解决技术问题、提高技术效果方面的优势。

③ 引用相关技术文献或专家评价，增强发明的技术可信度。

(3) 不清楚、不完整的描述。如果申请文件中的技术内容描述不清晰、不完整，导致审查员无法理解发明的具体结构和操作方式，那么就会提出此类审查意见。

针对"不清楚、不完整的描述"方面的质疑，可以采取以下应对策略。

① 逐一检查申请文件，确保所有技术细节都描述清楚、完整。

② 使用图示、图表等辅助说明手段，帮助审查员更好地理解发明。

③ 必要时，补充实验数据或具体实施例，以证明发明的可行性和实用性。

(4) 不符合法律要求的表述。发明专利的申请文件需要遵循一定的法律格式和表述要求。如果申请文件中的表述存在法律错误或不当之处，那么就会面临此类审查意见。

针对"不符合法律要求的表述"方面的质疑，可以采取以下应对策略。

① 认真学习专利相关的法律法规，确保申请文件的表述准确无误。

② 聘请专业专利代理人或律师，对申请文件进行仔细审查和修改。

③ 针对审查意见中的具体问题，逐一进行修正和完善。

(二) 有效回应并修改专利申请文件

在收到审查意见后，企业应尽快组织力量进行回应和修改。以下是一些有效的应对策略。

(1) 及时反馈：收到审查意见后，应立即组织相关人员查阅并研究意见内容，制定反馈计划。确保在规定的期限内提交回应文件。

(2) 逐条分析：针对审查意见中的每一条内容，都应进行仔细分析，找出问题所在，并制定相应的解决方案。注意保留审查意见原文和相关证据材料，以备后续使用。

(3) 配合修改：根据分析结果，对申请文件中的不符合规定之处进行修改。确保修改后的内容既符合审查要求，又能够准确反映发明的实质内容。在修改过程中，注意保持文件的连贯性和一致性。

(4) 沟通协调：与审查人员保持沟通，解释修改原因和思路。在必要时，可以邀请审查人员参加技术讨论会或提供补充材料，以增强双方的理解和信任。

通过以上策略的实施，可以更有效地应对发明专利申请中的审查意见，提高专利申请的成功率。同时，也可以为技术创新和知识产权保护提供有力保障。

第三节　实战案例分析二：实用新型与外观设计专利撰写

实用新型专利和外观设计专利的申请材料相较于发明专利更为简单。根据《中华人民共和国专利法》规定，申请实用新型专利需要提交《实用新型专利请求书》《说明书》《说明书附图》《说明书摘要》《权利要求书》等文件；申请外观设计专利需要提交《外观设计专利请求书》《外观设计图片或照片》《外观设计简要说明》等文件。

一、实用新型专利撰写实战

笔者将通过一个实用新型专利案例——《一种非固化橡胶沥青防水涂料生产用投料装置》(专利号：CN216678162U)(详见附录C)，来详细解析实用新型专利的撰写要点。

(一) 案例背景

(1) 专利名称：《一种非固化橡胶沥青防水涂料生产用投料装置》。

(2) 专利摘要：本实用新型属于防水涂料制备技术领域，尤其是一种非固化橡胶沥青防水涂料生产用投料装置，基于现有的橡胶沥青防水涂料装置在生产过程中往往不能根据要求对其加入多种不同材料的反应物料的技术问题，现提出以下方案，包括多个传动箱，所述传动箱内设置有传动机构，所述传动机构包括有主动齿轮，所述主动齿轮的上侧设置有中心轴，所述主动齿轮的侧面啮合设置有传动齿轮，所述传动齿轮的侧面设置有传动杆，所述传动杆的另一端连接有连接环，所述连接环的外侧对称设置有多个挡片。本实用新型结构简单，能够根据生产需要对反应罐不断均匀地加入各种反应辅助物料，同时能够对反应罐进行均匀搅拌，混合效果好，成品率高。

《一种非固化橡胶沥青防水涂料生产用投料装置》专利的外观示意图如图 5-2 所示。

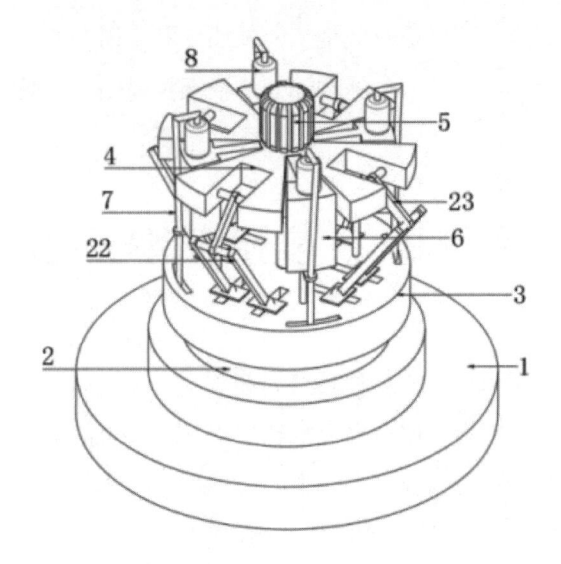

图5-2 《一种非固化橡胶沥青防水涂料生产用投料装置》专利的外观示意图

(二) 实用新型专利撰写要点

(1) 明确技术领域与专利名称。实用新型专利应聚焦于产品的形状、构造或其组合提出新的技术方案。在撰写时，首先需要明确技术领域，确保专利与具体的技术背景紧密相关。专利名称应简短且明确，直接反映发明的核心内容，避免使用非技术性词语和长句，以便于理解和记忆。

(2) 清晰描述背景技术。背景技术部分是撰写实用新型专利的重要组成部分。应简要介绍现有技术的不足和缺陷，突出本发明要解决的问题。需客观中立地引用现有技术文件，避免对已有技术进行恶意攻击，同时应明确说明现有技术中存在的具体问题及其成因。

(3) 详细阐述技术方案。技术方案是实用新型专利的核心，应详细描述发明的具体实施方式和技术效果。内容应条理清晰、层次分明，避免过于烦琐和混乱。重点描述发明的独特之处和优势，突出其创新性和实用性。同时，应避免泄露企业或个人的技术秘密，如算法、配方等。

(4) 准确撰写《权利要求书》。《权利要求书》是确定专利保护范围的重要文件，应以《说明书》为依据，明确记载构成实用新型专利的必要技术特征。权利要求分为独立权利要求和从属权利要求，独立权利要求应整体反映发明的主要技术内容，从属权利要求则进一步限定发明的保护范围。撰写《权利要求书》时必须准确和严谨，要具有高度的法律和技术技巧。

(5) 图文并茂，辅助说明。如果实用新型专利涉及具体产品结构，应绘制简要的示意图，以便审查员更好地理解发明的具体结构。图示应清晰且准确地反映发明的关键部分和技术特征。在零部件较多的情况下，可用列表方式详细列出各部件的名称和功能。

(三) 实用新型专利与发明专利的区别

对比发明专利(以专利 CN118270451A 为例)与实用新型专利(以专利 CN216678162U 为例)的撰写方式和内容，可以深入剖析两者在撰写上的显著差异。以下将从技术领域与保护范围、创造性与新颖性、《说明书》撰写内容与深度、《权利要求书》、审查程序与保护期限等多个维度进行详细对比分析。

(1) 技术领域与保护范围的不同。

① 发明专利技术领域与保护范围：发明专利的技术领域广泛，不仅限于产品结构，还涵盖了方法、工艺流程、材料改进等多个方面。例如，专利 CN118270451A 涉及一种大掺量干拌式橡胶沥青混合料投料装置，其技术领域涉及橡胶沥青原料输送技术，不仅涉及产品结构(如机架、辊架、输送辊、送料盒等)，还包含了工作流程(如静电输送、复位弹力绳工作机制)和方法创新(如通过静电对粉末进行吸附以防止飞扬)。因此，发明专利的保护范围较大，涵盖了所有能够由该发明实现的技术方案和应用场景。

② 实用新型专利技术领域与保护范围：与发明专利相比，实用新型专利的技术领域较为具体，通常只针对产品的形状、构造或其组合提出新的技术方案。专利 CN216678162U 即为一种非固化橡胶沥青防水涂料生产用投料装置，其技术领域明确为防水涂料制备技术领域，专利内容主要围绕装置的结构设计和传动机制展开。实用新型专利的保护范围相对较窄，主要集中于具体产品的实用性改进。

(2) 创造性与新颖性要求的不同。

① 发明专利创造性与新颖性要求：发明专利在创造性方面有着极高的要求，必须体现出与现有技术相比突出的实质性特点和显著的进步。例如，专利 CN118270451A 中的投料装置通过引入静电输送皮带、橡胶内胆等创新设计，显著提高了输送效率并减少了环境污染，这种创新在现有技术中难以找到类似先例，因此满足了发明专利的创造性要求。

② 实用新型专利创造性与新颖性要求：虽然实用新型专利也要求具有新颖性和创造性，但其创造性标准相对较低，主要强调实用性。例如，专利 CN216678162U 通过优

化投料装置的结构设计(如设置多个传动箱、主动齿轮与传动齿轮的啮合等)，提高了生产效率并保证了物料的均匀混合。通过对比可以发现，这种改进虽然显著，但在创造性上并未达到发明专利的高度，而是更侧重于实用价值的提升。

(3)《说明书》撰写内容与深度的不同。

① 发明专利说明书撰写内容与深度：发明专利说明书通常撰写得更为详细和深入，需要全面阐述发明的背景、目的、技术方案、实施方式及效果等多个方面。例如，专利CN118270451A的《说明书》详细描述了投料装置的工作原理、结构特征、具体实施方式及静电吸附效果等技术细节，充分展示了其突出的创造性。同时，《说明书》还引用了现有技术并进行了对比分析，以证明发明的创新性和实用性。

② 实用新型专利说明书撰写内容与深度：实用新型专利说明书的内容相对简洁明了，重点突出产品的结构特征、组合方式以及如何解决技术问题。例如，专利CN216678162U的《说明书》主要介绍了投料装置的结构设计、工作原理及具体应用效果，避免了复杂的理论阐述和冗长的背景介绍。《说明书》以清晰、易懂的方式展示了实用新型的实用价值和改进之处。

(4)《权利要求书》的不同之处。

在《权利要求书》的撰写上，发明专利与实用新型专利的格式和结构基本相似，但具体内容有所不同。发明专利的权利要求通常更为复杂和详细，涵盖了多个技术特征和组合方式，以全面保护其创新成果。而实用新型专利的权利要求则相对简单明了，主要围绕产品结构或构造的改进进行描述。以专利CN118270451A和专利CN216678162U为例，前者的权利要求涉及静电输送皮带、橡胶内胆等多个独立权利要求和从属权利要求；而后者则主要围绕传动箱、传动机构等核心结构进行权利要求。

(5) 审查程序与保护期限不同。

发明专利的审查程序较为复杂且周期较长，通常需要经过受理、初审、公布、实质审查及授权等多个环节。审查过程中会对发明的创造性、新颖性和实用性进行严格评估。一旦授权成功，发明专利的保护期限为20年。

实用新型专利的审查程序相对简化且周期较短，主要包括受理、初审和授权三个环节。审查过程中主要关注实用新型的新颖性和实用性是否符合要求。一旦授权成功，实用新型专利的保护期限为10年。

综上所述，发明专利与实用新型专利在撰写上存在显著差异。发明专利更注重技术方案的突破性和创新性，其保护范围广泛且保护期限长；而实用新型专利则更侧重于产品的实用性改进和简化审查流程,其创造性要求相对较低且保护期限较短。在撰写实用新型专利时,应明确技术问题的解决方案并突出实用性特征;同时,应简洁明了地进行《说明书》和《权利要求书》的撰写,以确保专利申请的顺利通过和有效保护。

二、外观设计专利撰写实战

外观设计专利是指对产品的外观设计所享有的专有权利。外观设计专利保护的是产品的外观设计,而非产品的功能。此项专利涵盖产品的形状、结构、装饰元素乃至色彩等多个维度的视觉表现,对提升产品价值、激发市场活力、维护创新精神具有至关重要的作用。

(一)《简要说明》

《简要说明》是提交外观设计专利申请时必要的文件,如果未提交《简要说明》,那么专利局将不予受理。外观设计专利申请材料《简要说明》应当说明的内容如表 5-1 所示。

表5-1 外观设计专利申请材料《简要说明》要求表

主要内容	要求
外观设计产品的名称	简洁、准确
外观设计产品的用途	写明有助于确定产品类别的用途,对具有多种用途的产品,应当写明所述产品的多种用途
外观设计的设计要点	设计要点是指与现有设计相区别的产品的形状、图案及其结合,或者色彩与形状、图案的结合,或者部位。对设计要点的描述应当简明扼要
指定一幅最能表明设计要点的图片或者照片	指定的图片或者照片用于出版专利公报
注意事项	不得有商业性宣传用语,也不能用来说明产品的性能和内部结构

接下来,以一个实际外观设计专利为例,来展示《简要说明》的撰写要求。

实际案例:外观设计专利,申请号是 CN201930011220.8,申请日是 2019 年 1 月 9 日,授权公告号是 CN305307932S,授权公告日是 2019 年 8 月 16 日。该专利涉及一种沥青拌合楼抗车辙剂投料装置的外观,使用外观设计的产品名称为传感器。该专利《简要说明》如下。

(1) 本外观设计产品的名称:沥青拌合楼抗车辙剂投料装置。

(2) 本外观设计产品的用途:本外观设计产品用于沥青拌合楼抗车辙剂投料装置。

(3) 本外观设计产品的设计要点:在于产品的形状。

(4) 最能表明本外观设计产品的设计要点的图片或照片:立体图。

(二) 申请材料的细节要求

外观设计对图样要求较高,如果图样不符合要求,那么审查员会将文本退回重写。为了清楚且完整地显示请求保护的对象,申请材料中要有图片或照片来展示每件外观设计产品的不同侧面或者状态。通常六面视图(主视图、仰视图、左视图、右视图、俯视图、后视图)是基本要求,必要时还应有剖视图、剖面图、使用状态参考图和立体图等。图样要求如表 5-2 所示,照片要求如表 5-3 所示。

表5-2 外观设计专利申请材料图样要求表

项目	要求
图片的大小	不得小于 3 厘米×8 厘米,也不得大于 15 厘米×22 厘米
图片的清晰度	应保证当图片缩小到三分之二时,仍能清楚地分辨出图中的各个细节
图片的绘制	可以使用包括计算机在内的制图工具和黑色墨水笔绘制,但不得使用铅笔、蜡笔、圆珠笔绘制。图形线条要均匀、连续、清晰,符合复印或扫描的要求。对于电子申请而言,基本都使用 CAD 软件绘制,因此不存在上述问题。图形应当垂直布置,并按设计的尺寸比例绘制。当横向布置时,图形上部应当位于图纸左边
图片绘制细节	图片应当参照我国技术制图和机械制图国家标准中有关正投影关系、线条宽度以及剖切标记的规定绘制,并以粗细均匀的实线表达外观设计的形状。不得以阴影线、指示线、虚线、中心线、尺寸线、点划线等线条表达外观设计的形状。可以用两条平行的双点划线或自然断裂线表示细长物品的省略部分。图面上可以用指示线表示剖切位置和方向、放大部位、透明部位等,但不得有不必要的线条或标记。图形中不允许有文字、商标、服务标志、质量标志以及近代人物的肖像。文字经艺术化处理可以视为图案

(续表)

项目	要求
视图的位置	几幅视图最好画在一页图纸上，若画不下，也可以画在几张纸上。当有多张图纸时，应当按顺序编上页码。各向视图和其他各种类型的图，都应当按投影关系绘制，并注明视图名称
复杂产品视图要求	对于组合式产品，应当绘制组合状态下的六面视图，以及每一单件的立体图；对于可以折叠的产品，不仅要绘制六面视图，同时还要绘制使用状态的立体参考图；对于内部结构较复杂的产品，当绘制剖视图时，可以将内部结构省略，只给出请求保护部分的图形；对于圆柱形或回转形产品，为了表示图案的连续，应当绘制图案的展开图。当产品形状较为复杂时，除了画出视图，还应当提交反映产品立体形状的照片
颜色要求	请求保护色彩的外观设计专利申请，提交的彩色图片应当使用广告色绘制。色彩和纹样复杂的产品，如地毯等的色彩与纹样，应当使用彩色照片

表5-3　外观设计专利申请材料照片要求表

项目	要求
基本要求	照片应当图像清晰、反差适中，要完整、清楚地反映所申请的外观设计
细节要求	照片中的产品通常应当避免包含内装物或者衬托物，但对于必须依靠内装物或者衬托物才能清楚地显示产品的外观设计，则允许保留内装物或者衬托物。背景应当根据产品的明暗关系，处理成白色或灰黑色。彩色照片中的背衬应与产品呈对比色调，以便分清产品轮廓
格式要求	照片不得折叠，并应当按照视图关系将其粘贴在《外观设计图片或照片》的表格上，左侧和顶部至少留2.5厘米空白，右侧和底部至少留1.5厘米空白

《简要说明》可以用于解释图片或者照片所表示的该产品的外观设计，但外观设计专利权的保护范围以表示在图片或者照片中的该产品的外观设计为准。

复习思考题

1. 发明专利和实用新型专利在技术领域、创造性要求、说明书撰写、权利要求书、审查程序及保护期限等方面有哪些显著差异？请结合本章案例进行对比分析。

2. 在发明专利的申请过程中，常见的审查意见类型有哪些？针对新颖性质疑和创造性质疑，分别有哪些有效的应对策略？

3. 在专利撰写前的准备工作中，为什么技术挖掘分析是不可或缺的步骤？请结合本章中的实际案例，说明技术调研和竞争对手分析如何帮助发现创新点。

第六章
科研思维的形成与运用

在完成申请资料筹备后，便可递交专利申请。在此过程中，必须掌握发明家必备的关键技能——科研思维。为了确保高质量专利申请的成功授权，充分锻炼灵活的头脑、掌握科研思维显得尤为重要。

第一节 科研思维的萌发

2024年1月19日，习近平总书记在"国家工程师奖"首次评选表彰之际作出重要指示，强调："加快实现高水平科技自立自强，服务高质量发展，为以中国式现代化全面推进强国建设、民族复兴伟业作出更大贡献。"而这一切的前提，是要有科研思维，进而进行科学研究，实现新的跨越。

本节阐述了科研方法论的相关知识，旨在培养科研新手的科研思维。对于经验丰富者而言，本节可跳过。尽管此部分内容略显晦涩，但其原理作为一套完备的理论，将为读者日后的科研工作提供宝贵的指南。如需深度探索，建议研读相关领域著作。

一、成体系的思考——科学思维

恩格斯曾赞美："思维着的精神是地球上最美的花朵。"那么，什么是思维呢？简而言之，思维是一种心理层面的活动，更是我们理解和认识世界的高级形式。具体而言，思维是人脑对客观事物间接的、概括的反映，它能够揭示事物的本质以及事物间规律性的联系，属于理性认识的范畴。在这个过程中，大脑会加工处理各种感觉材料，进而反映客观事物的本质。思维的流程即大脑对感觉材料的加工处理过程，使感觉变得更加抽象化，最终形成对事物的抽象认识。在这个加工过程中，我们会从不同的角度和环节进行分析、综合、比较和推理。

动物是否具有思维？实际上，绝大多数动物能够感受到哪些食物美味，以及哪里存在危险。但是动物对客观事物的理解仅仅是感性上的，它们不会进行理性的深加工，进而归纳出事物间的规律性。因此，思维这朵美丽的花，终究是人类使其绽放。

什么是科学思维呢？在科学认知的学派中，科学思维被阐释为一种理论体系，它源于科学认识活动，是处理和解决感性认识的途径与方式。这种思维方式借助语言工具，对感性材料进行深入的分析和综合。科学思维的过程如同由表及里、由此及彼的探寻，通过去粗取精，逐渐揭示事物的本质和规律，这些深层次的内容往往无法直接通过感官来感知。科学思维是多种科学的思维方法在认识的统一过程中相互融合、协调运作的产物，同时也是人类实践经验的积累和体现。

科学思维的范围集中在科学领域，是以追求科学答案为中心展开的思维。其特点在于采用理论思维的形式，强调正确和高效的思维方式，而非仅限于经验性地思考问题。这要求我们以理论的高度来认知研究对象。

科学思维的方式主要包括抽象、假说、概念、规律、判断、反驳、推理、论证、直觉和想象等。

二、必要条件——应具备的科研素养

我国高等院校，尤其是重点大学的教师普遍身兼教学与科研双职。对于作为本书大部分读者的学生群体而言，也面临着学习与初步科研的双重挑战。因此，尽管本部分内容的主要论述对象为教师，但是以下所述内容对学生读者同样适用，且在学生阶段阅读和理解尤为重要。

科学研究，即我们常说的"搞科研"，对科研人员的要求极高，需要具备坚实的专业知识，甚至跨学科知识，这些能力仅靠参加众多辅导班是无法获取的。科学是一个广泛的概念，它涉及数学、化学、物理等多个领域，是人类对宇宙万物变化规律的深度探索。科学是建立在对客观事物的组织、形式等进行预测的有序的知识体系。此外，"科学"还指代能够运用知识的主体，即科学家。科学家是从事科学研究的专家，他们通过不断探索和创新，推动科学的进步与发展。因此，科学研究并非研究世界上所有的"科学"，而是按照研究领域划分。例如，读者可以选择研究化学、生物学、材料学、医学等学科，通过阅读作者的专利，可以了解到作者主要从事的科学研究领域。若对两个及以上的学科均有所了解，便可称为跨学科人才，备受青睐。实际上，科研并非完全由个人兴趣驱动，也可能是学科选择了你。如何协调教学与科研之间的关系，对激发高等学校教师的积极性和提升人才培养质量至关重要。事实上，高等学校不同于其他科研机构，其在重视科研工作的同时，更注重人才培养，二者相辅相成，以人才培养为核心。人才培养的主要途径是教学，教学亦是高等学校的首要任务。高等学校的科研与教学是高层次人才培养过程中的两个不可或缺的环节，二者相互支持，相互促进，缺一不可。

从大学教师的角度来看，他们既是课堂教学和教学研究的承担者，也是科学研究者。大学教师若想获得全面提升，必须将科研与教学工作相结合，在教学中成长，在科研中进步。在此过程中，教师的科研素养起着关键作用。具体而言，大学教师应具备的主要科研素养如下。

(一) 扎实的专业基础

大学教师首先必须掌握本专业的科研基本理论，这既是从事教学工作的需求，也是从事科学研究的需求。申请专利同样离不开扎实的专业基础，若缺乏扎实的专业基础，深入科研与申请专利将面临困难，研究成果的质量也将受到严重影响。

另外，大学教师还需适当地涉猎与专业密切相关的学科领域。例如，控制科学或自动化专业的教师应具备机电专业知识，因为部分控制设备需依赖于机械结构来实现特定功能。例如，共享单车中的车锁，其工作原理对于控制专业出身的人员而言并不难理解，但要确保其能够准确地执行动作、穿过车链条并锁定，以及反向操作，则不仅超出了控制学科的范畴，还涉及机械结构知识。若车锁控制部分未考虑机械结构需求而设计，可能导致无法形成有价值的产品。例如，车锁体积较小，若设计时未考虑机械结构问题，导致控制部分过大，无法安装至车锁外壳内，则将徒劳无功。医学专业教师在精通自身专业的同时，还应掌握心理学、统计学、政治学、社会学、经济学等相关学科的理论基础，以便在科研中拓宽思路，游刃有余。例如，儿科医生不仅需要具备扎实的专业知识，还应掌握儿童心理学，因为儿童对医生存在天然的恐惧，若不会"哄孩子"，则将难以顺利为儿童进行诊治。

此外，高校教师需要关注相关前沿学科知识，把握本学科的发展趋势、理论研究及未来发展方向。同时，熟练掌握科研方法至关重要。在科研活动中，要明确研究对象，选择合适的研究方法，确保研究成果的可观测性。因此，高校教师在参与科研活动时，应有针对性地选择研究课题，运用相应的科研方法，以取得显著的科研成果。

(二) 较高的实践能力

"工欲善其事，必先利其器"，教师若要参与教学及科研，则需要具备科研实践能力素养。实践能力素养涉及众多方面，根据其重要性，以下为简要概述。

(1) 发现与创新能力。教师在教学与研究中，需善于分析各类问题，不仅要挖掘有价值的问题，更应关注他人未深入研究或研究成果不显著的问题，科学研究本质上是一种创造性活动。在研究新课题时，既没有现成经验可供借鉴，也没有固定模式可套用，因此教师需具备创新能力，勇于探索未知领域。

(2) 信息检索能力。教师需针对所发现问题，搜集各类相关信息、资料等进行分类、识别、评价、取舍，从而得出合理科学结论。可从互联网及各学术引擎检索所需信息，此能力至关重要。同样，在专利申请过程中，信息检索能力也至关重要。

(3) 管理能力。大学教师通常需要承担教学与科研双重任务，需要具备对科研项目的合理规划能力和对研究团队的管理与协调能力，以展现其控制与管理能力。例如，筹集研究经费，组织协调课题研究团队，科学制定、实施课题研究计划，有效管理课题，指导阶段性成果总结等。当然，大学教师并非管理专业出身，因此了解跨学科知识颇为重要。优秀管理者不仅能组织高效团队，还能使每位团队成员发挥重要作用。反之，不良团队可能因成员不愿付出而相互猜忌，甚至推诿责任。问题根源未必在于团队成员，管理者的不当管理也可能导致此类问题。因此，管理者的管理能力之优劣，在很大程度上影响团队效率。

(4) 书写能力。对于大学教师而言，书写是日常工作的一部分。在教学工作中，需要书写培养方案、课程教案、课程幻灯片、专业评估报告等。在科研过程中，教师需要将研究所得的新方法、新观点、新认识以文字形式呈现，如论著、论文、科研报告等，以便他人获取新方法、经验和信息。这要求教师不仅要具备研究能力，还需要具备卓越的文字表达能力。要求文本结构合理、表述清晰无误、使用书面语言等。当然，教师也可以通过课程设计和毕业设计实践环节，将上述能力传授给学生。

(5) 持续学习的能力。知识在不断更新，作为教师应持续学习，努力保持与时代同步。以《计算机控制技术》课程为例，该课程最早于 20 世纪八九十年代运用于大学教育中，当时的教学内容主要针对 8051 单片机、8086 核心 CPU 和 GAL 门电路等相对滞后的技术。然而，随着半导体行业的迅猛发展，高稳定性的工业控制计算机 IPC、可编程逻辑控制器 PLC 以及高性能微处理器和控制器芯片等相继问世，这门课程所涉及的计算机控制核心也随之革新，教学内容发生了巨大变化。如果大学教师缺乏持续学习的能力，仍固守于八九十年代的知识，那么对于实践性较强的课程而言，将无法满足行业发展的需求。因此，大学教师需要不断学习，更新知识体系，掌握行业最新动态，熟练运用现代化工具。

（三）道德素养

教师的科研道德素养，主要涵盖以下几个方面。

(1) 实事求是。这意味着从实际出发，将理论与实践相结合，坚持在实践中检验真理，促进真理的发展。只有勇于探索，才能开辟新领域，对新课题进行研究，获取全新的方法、技术和知识。我们将"实事求是"视为工作的起点，同时也作为一位教师最基本的道德素养。在研究过程中，我们追求真实客观，确保所有工作以此为出发点。同时，教师必须坚守实事求是的原则。我们的目标是在新课题上取得进展，积累新的方法、技术和知识。

(2) 杜绝学术腐败。科学研究需要各方合作，同行间的协作尤为重要。科研团队的成果应体现在所有成员身上，因此每个人都应尊重他人的工作，客观看待自己和他人的成果。在科研过程中，他人的成果具有重要的参考价值。参考他人成果是被学术界认可的，因为科研和学术的根本目的在于公开和共享。然而，科研工作者绝不能诋毁、剽窃或抄袭他人成果，这是科研道德所不允许的。若需要引用他人成果，应以参考文献的形式注明出处，并在前人基础上进行改进和创新，形成自己的科研结论。

(3) 学术交流。学术交流包括学术问题的批评与评论和课题组内的学术讨论等。教师应在研究中积极发表见解，发挥优势，积极参与学术会议或学术报告会，虚心采纳同行建议，共同研究新课题、新方法、新技术，获取最新成果，以推动科技、教育事业的共同发展。

(4) 献身科研的精神。科学无国界，但科研工作者有国籍。我们倡导无国界的学术交流，学习发达国家的优秀教育和研究方法，以发展本国科学事业，提高教育和科研水平。科研工作者应勇于献身科研工作，使我国在教育科研方面变得更加强大，提升国际地位，使中华民族屹立于世界民族之林。

三、探索未知的开始——科研选题

科研选题是指科研工作者长期聚焦的研究领域，是开展科学研究的首要步骤。在此阶段，科研人员专注于探索某个领域的重要问题，以保证科研工作的连贯性和积累，这有助于科研人员选择适合自身研究的题目。在实践中，科研工作者逐渐明确自身主要研究领域，这成为科研选题的必然选择。然而，仅仅依据兴趣选择研究方向并不妥当。"对美食有浓厚兴趣"本身并非错误，但若以此作为选择职业的唯一标准，则可能导致决策失误，缺乏实践基础的研究方向难以持久。研究课题是科技领域或实际生产中的未解难题。人类的认识和实践成果是人类进一步认识和实践的基石，是推动知识进步的关键因素。研究课题的选择包括提出问题和筛选问题两个环节。

在选择研究课题时，需要深入研究相关文献，全面掌握本学科的前沿动态及国内外研究现状，进而确立具体的研究课题。为此，不仅要分析不同学者的研究思路和方向，还要了解前人在该领域的研究成果。在此过程中，旨在发掘潜在问题，激发创新思维，为后续研究奠定基础。事实上，在学生阶段，已有导师提供指导，如硕士研究生和博士研究生的研究课题多由导师把关，导师可传授自身的选题思路。毕业生步入职场后，多数仍沿用在校期间的科研方向，从而避免选题的盲目性和随意性。

科研工作的成败在很大程度上取决于科研选题的准确性，这一点至关重要。科研选题是构筑知识体系的必要元素，有助于提升个体的认知能力和辨识水平。由于个体间存在差异，且受环境和发展阶段影响，科研选题的方式各具特色。

(一) 如何进行科研选题

科研选题应立足于科学问题，并进一步发展为科研课题。无论是自然科学还是社会科学领域，研究都需要以科学视角开展，课题应与个人实力相符，并具备完成实施的能力。创新为科研之魂，选题应突破常规思维，寻求新颖角度。选题不宜过于理想化，否则会影响课题进展。课题的可行性至关重要，关系到研究能否顺利进行及研究目标的达成。

科研选题应关注科技进步、经济建设、社会发展所面临的科技理论和实际问题，依据科学问题识别与界定。具体包括科学与技术架构中的相关理论和技术难题，以及经济社会发展所涉及的生产流程、生活方式、管理模式、规划策略和决策机制等多个方面。

然而，科研人员面临的理论、技术与实际问题种类繁多且复杂，这无疑增加了科研选题的难度。科研选题作为科研人员进入科学领域的第一步，经常出现过于宽泛的现象。以下列举几种常见的选题方法。

(1) 查阅文献选题。选题并非凭空想象，而是建立在对前人或他人科研成果的继承和发展之上。这要求我们不仅要借鉴前人的思想和研究，还需要全面理解和掌握其成果，以便系统地占有和深入研究。如此，才能发掘出具有前瞻性的课题。若对过去一无所知，则无法创造有价值的新贡献。因此，掌握丰富的文献资料是做好选题的关键。查阅文献可帮助我们站在巨人的肩上，看得更远。通过分析资料、审视他人结论、比较观点、揭示理论与实践间的差异，可以发掘新的研究课题。

(2) 在选定研究方向前，可先通过观察研究或评估实际需求出发。观察调研是通过感官或科学设备有目的性地研究和描绘客体的方法。例如，盲文的发明源于法国教师布莱叶对盲人群体的观察与思考；爱迪生的电灯泡也是基于对现实生活的观察和理解。英国科学家斯旺虽然在1848年至1879年间成功研发出碳丝灯泡，但由于忽视了其实际应用和社会价值，仅停留在实验室阶段。相反，爱迪生在阅读《科学美国人》杂志后，受斯旺的启发，最终成功制造出实用的电灯泡。因此，在进行观察研究时，必须重视现实的社会价值和长期的使用价值。

(3) 课题选择是科研工作中的基础环节。国家、部委、省市及学术团体会定期发布科研课题，如"十四五"规划的重点课题和年度课题等。这些课题在理论和实践方面均具有重要意义，对科研人员的选题具有指导作用。其中，指令性课题由各级政府主管部门为解决迫切科研问题而提出，要求相关单位或专家在规定期限内完成相应任务。这类课题往往具有较高难度和规模，科研人员应结合自身优势，细化课题以保证其可行性。另外，还有一些特殊需求的课题，如专项研究课题、委托课题和自选课题等。委托课题属横向课题，具有技术导向、灵活广泛、周期短、经费较大等特点，适用于追求直接经济效益的研究目标。自选课题则由研究者依据个人专长、经验和兴趣自主选择，更强调研究者的个性和创新思维，给予科研人员更大的自由度。在整个课题选择过程中，科研人员需全面考虑各种因素，确保研究的科学性和实用性。

(4) 在现实环境中，人们面临诸多问题，选题覆盖范围广泛，既涉猎全球性的大议题，如政治、经济及文化艺术，也涉及民生琐事如饮食起居等。而科研的职责在于通过现象洞察事物本质，因此首要任务便是挖掘深刻反映各类社会现象的选题。易被察觉的问题往往属于表象层面，此时选题需要凭借科研工作者的想象力、灵感和直觉，以及对思维创新和意外发现所带来机会的敏锐捕捉。然而，初选课题或许略显肤浅，需要进一步深思熟虑和严谨论证。以哲学家兼逻辑学家金岳霖为例，其对逻辑的浓厚兴趣源于 1924 年与张奚若等人在巴黎街头的一次辩论，此次经历引发了他对逻辑推理作为解决争议之可靠手段的探究欲望。综合各方面因素，以上仅为选题的部分参考方向，无法囊括研究领域和课题。鉴于社会现象的复杂性，众多值得深度探讨的课题应运而生。科研工作者在选择课题时，需要具备勇于探索和创新的精神。

(二) 科研选题的步骤

高等教育机构高度重视教师的科研能力培养，而如何高效地开展科研工作则是每位教师需要面对的挑战。在科研活动中，选题至关重要，科研工作者在选定课题时不仅要明晰研究方向，遵循选题原则，更应掌握选题流程。

(1) 课题调研。此阶段旨在对相关课题的历史背景、现状及未来发展趋势、已有的研究成果等进行详尽的调研与考察，从而了解前人在此领域的研究进展、存在的问题及其关键所在、所得出的结论以及经验教训等信息，并据此提出科学问题。对拓展性研究和发展性研究，需要进行追踪；而对开创性研究，则由于缺乏足够的参考资料和成熟的方法，难度较大，因此要求研究者具备较高的研究水平、丰富的研究经验、深厚的知识储备和全局视野。

(2) 初选研究课题。通过实地考察和调研，筛选出多个科学问题，并对其在科学研究中的重要性、作用、效益以及可能影响科研进程的其他因素进行细致分析。在遵循选题原则的基础上，从众多科学问题中初步选出研究课题。

(3) 深入、广泛地收集资料。依据研究领域内相关文献资料的收集、阅读及考查结果，进行深度调查研究，即深入了解国内外同行关于本课题及相关问题的研究历程、现状及相关研究资料，为确立选题提供依据。同时，进一步了解不同学者的研究方向和思维模式，清晰认识前人的研究成果及达到的水平，从中激发个人观点。

(4) 目标分析、构建科学假设或模型。目标分析在科研中是明确定义研究目标、确定研究问题的重要步骤。通过目标分析，研究者可以确立研究方向，明晰研究重点，从而指导研究设计和实施过程。构建科学假设或模型则是在已有理论和观察基础上提出一种推测或描述，用于解释现象并进行预测。科学假设或模型的构建需要严密的逻辑推理和清晰表述，以确保其合理性和科学性。通过验证和调整假设或模型，科研人员可以不断完善研究框架，提高研究的可靠性和准确性，推动科研工作向前发展。这些步骤相互交织，共同构成科研工作中的重要环节，为科学探索的深入提供了理论和实践支持。

(5) 课题论证。课题论证是研究过程中必不可少的环节，包括对课题的全面评估，以验证其是否符合选题的基本原则。此外，还需要对课题研究的目的性、创新性和可行性进行深入探讨，以确保选题的准确性。通常情况下，课题论证采用同行专家评审和管理部门决策相结合的方式，以保证论文的逻辑性和学术规范。

(6) 课题确定。经过课题论证，如课题获得认可，则确认选用该课题。未能通过的课题将被淘汰，须按照选题原则进行修改或重新选择其他课题。

四、科研立项的步骤

科研立项是科研项目策划阶段的首要任务，旨在规划研究课题的具体方向、人员配备、资金预算、研究方法、完成标准及执行流程等要素。科研立项是研究工作启动前的准备环节，政府科研管理部门均建立了相应的规范制度，包括完善的课题申报程序和办法，这些对课题能否得到认可及成功申报至关重要。

(一) 撰写立项申报书

科研立项申报书是为了对待申请的科研项目进行系统地评估和论证而准备的。考虑到保密等因素，申报者无法与评审委员会进行面对面交流。因此，科研立项申报书便成为评委会了解项目的唯一渠道。科研立项申报书的撰写目的在于获取专家评审意见和基金部门的资助。因此，申报书的编写需要做到详尽、准确且具有说服力。申报书的质量直接关系到评审专家组对科研课题的评价，进而决定项目是否能够获得批准。因此，必须高度重视此步骤，确保申报书内容的清晰度和逻辑性，以提升立项成功率。

(二) 组建研究团队

(1) 研究团队的构成。首先，需要整合相关科研人才。在选择团队成员时，应确保其研究方向与拟申报项目相符，并仔细审查其研究成果。团队成员的年龄、职称、学历等因素应合理搭配，并注重其与拟申报项目的关联性。项目主要成员的人数应控制在 8 人以内。团队成员的专业背景应覆盖主要学科领域，包括学科专家和具备实验技术的研究人员。这种配置有利于项目综合实力的发挥，提高科研水平。此外，还应考虑培养硕士研究生。

(2) 在组建研究团队时，应特别关注项目申报的限制要求。当前项目更加鼓励多方合作，因此应积极寻求与其他相关单位的合作机会，加强信息分享，实现优势互补。在遵守项目申报规定的前提下，通过取长补短，提高申报项目研究的竞争能力。但必须注意申报指南中关于人员限项、单位资质等要求，避免因形式审查未通过而导致的失误。

（三）项目摘要的描述

摘要是课题关键信息的提炼与浓缩，包括课题的性质、研究方法、研究内容及目的和意义，也包括研究中所用材料和方法等详细信息。例如，摘要可以表述为："本研究运用特定方法深度剖析某一问题，为揭示相关机制或规律提供有力支持，并为后续研究奠定坚实基础或提供创新思路。"

明确项目研究意义是立项之基石。研发者必须明确研究课题所属学科领域，凸显项目的必要性及其重大价值。在此过程中，需要深入分析国内外研究现状，以强化并支撑上述观点。同时，揭示课题在国内外研究中的现状，阐明主要问题所在。此外，还应对相关参考文献进行详尽分析。

(1) 研究意义。基础研究应立足于国内外科学发展趋势，阐述项目的科学意义。同时，针对国家安全、战略及国民经济和社会发展中急需解决的关键科学和技术问题，深入探讨项目的应用前景。基础研究在此过程中紧密结合学科前沿，围绕国民经济和社会发展中的重要科技问题展开，对其应用前景进行深度解析。在填写项目时，通常从研究领域出发，简略描述其特性、当前主要研究方法及存在问题。同时，对主要研究热点进行简要分析也是非常必要的。

(2) 表单要素部分。项目名称是科研项目的重要组成部分，它是对项目研究内容、目标和研究方向的高度概括。对科技含量高的议题，以下要求尤其需要得到满足。

① 充分展示科研项目的研究元素。每一科研课题均包括基础元素，如研究对象、研究方法和研究成果。这些元素在标题中的清晰度对研究的科学性、思维逻辑、课题假设的合理性、实验对象的选择、验证方法的准确性，以及指标间因果关系的明晰度等方面具有直接影响。标题中这些元素越明确，与研究者的科学思维、课题假设、实验设计等方面的关联性就越紧密。

② 项目名称需要引人注目且新颖，避免雷同。即使研究内容与过去有所不同甚至具有创新性，但名称雷同很可能被误解为项目缺乏新意。因此，在选定题目之前，务必仔细查阅《科研项目汇编》。若发现已有相同课题名称，则应尝试从新的视角提出问题，

以确保项目名称能给评审专家留下深刻印象。

③ 项目名称应简洁明了，用词精准，内容具体，一般不超过 30 个汉字。名称中应尽量避免使用缩写或化学分子式等。例如，"应激性抑郁诱发情感神经环路神经元的树突棘和突触可塑性变化的机理"这一课题，从标题即可清楚地了解研究的对象和目的。然而，类似于"基于 GPRS 的云平台技术""数字焊接关键技术研究"等标题则显得研究重点模糊不清，研究目标不够明确，这类标题在形式上难以获得认可。

(3) 课题组成员的组建。科研路线规划与理论解析等重任由核心成员负责，他们在项目完成中扮演关键角色。为保障科研进程，必须保证团队力量充足，聚焦于项目关键问题。项目关键问题需借助明确研究目标加以解答。为此，本项目应通过确立切入点、提出假设，详述预期目标实现后如何深刻改变研究领域的理论和实践。在科研过程中，全体团队成员应全力以赴，确保项目圆满成功。

(4) 研究现状概述。为使申请书论述更具说服力，申请人在撰写时，既要充分掌握研究领域的国内外现状，又要进行深度调研。调研内容包括国际前沿动态及国内研究概况。具体列举国内外同行工作，明确当前待解决的关键问题。在描述国内研究现状时，应突出个人研究成果和思路，引导评议人理解研究方向和方法。写作时需注意以下要点。

① 层次分明。围绕项目核心主题，先从研究领域出发，综述国内外研究成果，引出当前热门研究话题。以此为基础，深入剖析项目研究方向的国内外发展现状，为后续研究打下坚实基础。针对核心问题，深入探讨国内外既有研究成果、现状及未来趋势，全面分析尚未解决的问题。

② 科学论证。当前科学研究融合与分化趋势明显，学科间交叉渗透日益加深。新知识理论层出不穷，研究背景和方法多样，导致同一领域内对项目理解和观点存在较大差异。因此，在撰写项目申请书时，务必广泛查阅文献资料，深入调研，全面阐述课题的意义、特性和创新之处。申请书应以清晰、客观的方式展示国内外同行研究现状，涵盖研究程度、方法和手段，以及未来发展趋势。尤其强调领域内存在的问题，明确其未解之谜，并提出解决策略及期望达成的目标。如此可提高沟通与评估效果，使研究方向更加合理且具有前瞻性。

(5) 重要参考文献及其出处。一些项目申请书要求列出所参考的主要文献，以此来判断该项目对国内外研究现状的阐述。参考文献应能反映项目基本研究的最新进展，并且必须提供作者全名及出处。参考文献不仅包括期刊论文，也包括国内外相关专业知名专家的论著。此外，参考文献的引用必须得当，要注意引用文献发表的时间及杂志的权威性。

(四) 制定研究方案

研究方案主要包括研究目标、研究内容、拟解决的关键问题、拟采取的措施、研究方法、技术路线、实验手段、进度安排、拟达到的技术指标及可行性分析，年度研究计划及预期进展、预期研究成果等内容。

(1) 研究目标。作为研究的最终目标，它需要明确、具体地回答特定问题。研究目标凸显科研的价值维度，务必精准、简练，以确保研究方向明确，排除了干扰因素。例如，揭示规律、构建方法、探究问题、阐释原理(机制)、明确关系等。

(2) 研究内容。研究内容是研究项目的核心，关注待解决的关键问题、预期目标、预期成果以及应用前景、社会经济效益等方面。在阐述时应层次分明，与项目阶段性内容紧密相连。具体而言，研究内容应与研究计划各阶段保持一致，确保逻辑连贯，易于理解。同时，研究内容应真实可靠，重点突出以上要点。

① 有限目标。即研究内容要适度。科学问题的研究都是在前人工作基础上展开的，是一个持续不断的过程。在一个项目或一次研究中解决所有问题是不现实的，尤其在有限的时间内利用有限的科学基金解决众多问题是不可能的。

② 抓住关键。本研究旨在阐明核心科学问题。核心科学问题是研究内容的关键点，也是问题的核心。解决这些问题有助于解决其他相关问题；同时，这些问题也是创新的源泉，创新往往隐藏其中。抓住这些问题，便把握了创新的机会。

③ 重点突破。为符合学术规范，研究项目不必面面俱到，只需要专注于一至几个核心科学问题，全力解决即可。唯有在研究项目中取得实质性突破，才能达成预期成果。同时，这些成果必须具有创新性，才能被视为有价值的科研成果。

④ 力求创新。为了满足学术规范，研究目标应聚焦于关键问题，实现创新性成果。研究内容应与选题及立论依据一致，建立在前人研究基础上，创新思维，孕育出新理论、学说和方法，解决现有难题。总体而言，研究内容应具备清晰的层次结构，详略得当，充分展示有限目标的设定。表达方式应围绕关键问题，突出研究核心，同时在整体框架中展现突破性思考和创新。此外，需适度控制内容，建议3至6个重要观点，以便评审专家形成全面印象。各研究内容应避免重叠或覆盖。具体明确的表述至关重要，避免使用抽象概念或空洞框架。项目创新点可以体现在功能、手段、概念、问题或方法等方面。研究中需要深度挖掘并突显创新之处，展现研究的前瞻性和独特性。如果遇到新问题，那么可用新方法进行研究，说明该方法的相对优劣势；也可用新方法解决原有问题，或

用传统方法研究新问题。

(3) 揭示研究实质。研究的核心问题包括对预期目标有显著影响的特定研究内容、关键要素或实现目标不可或缺的关键技术、研究手段等。解决核心问题必须紧密结合科研项目的主要方向和目标，精确预测和判断可能遇到的困难和障碍，并采取切实可行的解决方案和措施。

(4) 阐述研究方法。研究方法实为操作计划，包括操作程序、实验验证及理论分析等方面。科研人员在介绍研究方法时，需结合项目需求，明确阐释所选技术方法的原理、流程及其潜在应用，并非单纯照搬。通过简要介绍，强调研究方法在本项目中的应用基础，才能被视为成熟方法。对新方法需详细解释其原理，并说明其在本研究项目中的理论和实践基础，以保证其可行性。在阐述研究方法时，应注重明确项目需求、技术方法原理和可能问题，而非简单移植方法。在自然科学研究中，还需要注明本科研项目所需设备与仪器，统筹考虑方法与仪器设备的结合。

(5) 拟采用的技术路线。技术路线是指研究所采取的技术措施。确保技术路线的先进性和可行性是其基本要求。关键在于展现研究方法和技术路线的创新性。为达到这一目标，可以运用流程图或图表来清晰呈现复杂的技术路线和研究方法。在详述技术路线时，必须突出其中存在的疑点和难点，并提出相应的解决设想和应变措施。

(6) 项目可行性分析。可行性分析是指客观地分析所提出的研究方案是否合理、可行，能否通过所提出的方法、手段保证获得最终预期结果。

① 可行性分析通常涵盖硬件条件和软件条件两个层面。硬件条件主要涉及研究所需的设备、技术手段、文献资料、时间、资金和人员等实际资源。而软件条件则关注研究基础的扎实程度、项目成员的年龄构成、学科搭配是否合理以及学术声誉等因素。若条件不足，则应明确选择以何种方式解决问题。

② 在进行可行性分析时，除了介绍和分析研究团队和研究条件，还需要深入思考。例如，在国家自然科学基金生命科学部重点项目申请指南中，建议在关键技术方案失败时，提供备选方案供专家评审参考。只有全面考虑上述因素，才能在关键时刻取得研究成果。

(7) 年度研究计划。为确保研究任务按期完成，必须制定详尽的工作计划。研究应依照由浅入深的原则，分阶段进行时间和顺序的安排。各阶段需合理配置研究资源，确保研究重点突出，保证科研工作顺利推进。同时，应考虑可能出现的意外困难和新情况，预留适当的弹性空间。

(8) 预期研究成果。研究人员对研究问题的论证和方法的分析将产生多样化的成果，如理论创新、技术突破、专利发明、学术论文发表及人才培养等。预期成果往往具有重要的研究价值，需要进一步深化研究，这也是获得评审专家认可的关键要素。若预期成果过于肤浅，则评审专家将难以相信深入研究能带来更大的成果。为避免逻辑混乱和重复研究，需要对科学问题的提出进行反思。不同申请人在探讨同一预期成果时可能面临不同的科学问题。因此，评审专家期待申请人对预期成果的思考能作出清晰明了的阐述，以证明问题提出的合理性。在此过程中，申请人需关注研究领域的前沿动态，理解发展瓶颈，通过对比分析找到关键科学问题，从而构建更具逻辑性的论述，提升论文质量，降低抄袭风险。

(五) 研究的前期基础部分

研究基础主要包括课题申请者的水平和专长，申请者已取得的成绩(包括已完成的主要科研成果、发表的论著目录、发表处以及获奖情况等)，课题其他主要参加者的相关情况(包括姓名、年龄、性别、工作单位、从事的专业和专业技术职务、研究工作的简历、已发表与本课题有关的成果和主要论著、在课题中的分工等)，已经具备的实验条件，尚缺少的实验条件和拟解决的途径。

(1) 已取得的学术成就。申请材料中需要详述与申请项目紧密相关的研究成果，并附上相关的研究论文、专利等证明文件。同时，需要分享在过去项目中所积累的技术经验。此外，还需要提供项目组成员的全面信息，包括研究成果、技术经验和团队成员资料，以便全面展现项目的实质性基础。

(2) 课题组其他成员的情况。需要详细阐述课题组成员在相关领域的研究经历，包括研究经验量化、成员工作简历和相关论著介绍。同时，需要明确接受过的专业培训、已掌握的知识和技能，以及对研究资料的掌握情况。此外，还需要说明为完成本课题所做的各项准备工作，所在单位对课题完成的支持力度，以及研究工作是否得到相关部门的协同配合。

对于项目成员当前参与的科研项目，需要提供详细描述，如项目名称、编号、经费来源、起止日期等关键信息。详细的信息说明有助于评审专家深入理解申请项目，以及其与正在进行的项目间的关联和差异。为更好地阐明研究任务和时间安排，需要进行简要说明。这将有助于确保对二者关系有清晰认知，降低文本重复度，提升论文创新性。

(六) 经费预算

研究经费通常分为科研业务费、仪器设备费、实验材料费、项目组织实施费、协作费、实验室改装费等类别，需要严格按照经费预算要求填写，力求科学合理。

五、桥和船的关系——科研方法

明确科研目标后，选择合适的科研方法以抵达目的地至关重要。科学研究方法犹如"船舶"与"桥梁"，其准确性对成果有着关键影响。据此，我们需要深入理解科研方法的种类及其应用。依据逻辑严密程度，科研方法主要可分为定量、定性以及思辨研究三大类别。在实际操作中，还包括现场考察和实验探究等多种手段。

(一) 思辨研究方法

思辨，即思维的辩证过程，是一种独特的思考模式。它不受固定步骤的限制，无须直接接触外部环境，可以让人的思维自由驰骋，甚至可以暂时摆脱逻辑的束缚。思辨方法的特点在于，它先于经验和逻辑出现。通常，思辨会先设定一系列定义、假设和公理，然后以此为基础推导出相关定理，用以解释各类现象。最后，通过逻辑分析进行归纳总结。历史上，思辨研究方法备受推崇，如哲学家曾主张通过思辨为自然界制定规则。然而，在近现代研究中，思辨方法逐渐被实验方法取代。但这并不意味着思辨研究已失去重要性。在现代科学研究中，思辨研究方法依然占据着不可或缺的位置，尤其在获取新知方面，与其他方法相互补充。因为在科学研究中，公理推导并非实验方法所能胜任。

思辨研究旨在探索未知，主要借助思辨法。该方法着重利用现有的知识体系，依靠直觉和洞察力获得新知。思辨研究偏向于通过个体的感性理解社会现象，累积个性化的经验。它将世界分隔为主观的社会世界与客观的自然世界。二者性质导致研究手段存在差异。在主观的社会世界中，社会文化现象，如人类行为、习惯、思维模式及人生意义等，难以直接衡量，并且非重复发生，此时科学研究方法可能失效，而思辨研究则能发挥关键作用。客观的自然世界虽然复杂多变，却有相对稳定的现象范围，这些现象可以被直接观察，重复出现，符合科学研究需求，因此科学研究在此领域占主导地位。尽管自然科学重视客观实证，但问题的发现与构想仍需主观思辨，这不属于科学研究范畴。爱因斯坦曾分享他的研究体会，称单词和语言对其思维活动影响甚微。他强调思维核心在于具象的心理实体，可能是清晰的符号或模糊的意象，能自行再生和组合。此过程常伴随无意识动作。唯有思维逻辑清晰，展示出前因后果时，才能寻求适当的语言符号来表达思想。由此可见，爱因斯坦的研究始于主观思辨，认为语言符号和解释在思辨思考中并非关键，其研究路径是从潜意识思辨至逻辑因果，最后至语言表述。

(二) 定性研究方法

定性研究以探究及揭示社会现象内在规律为目的，采用定性方法对社会现象的属性演变做出深入分析，并结合理论与实践，利用推理逻辑和史实进行全方位研究。此研究方法注重事物内部矛盾，旨在提供全面深入的解读，聚焦于事物特征的主要方面，忽略无显著性的数量差异。其目标在于揭示事物的本质和规律，使人们对社会现象有更深层次的理解。

定性研究可分为两类：纯定性研究着重问题深度剖析，结论相对抽象；高级定性研究则基于定量分析，整合数量性质进行更深入的探讨。在实际操作中，研究者常将两者相结合以满足学术需求。同时，定性研究还能协助确定现象质变的数量界限及其原因。

定性研究具有较大灵活性和创新性，无固定模式。常见方法包括投影技术、小组访问、深度访谈，以及内容分析、案例研究、人种学、现象学和扎根理论等。在研究过程中，核心问题是指对实现预期目标有重大影响的特定研究内容、关键要素、关键技术和研究手段等。解决此类问题需紧密围绕科研项目的主旨和目标，准确预估和应对可能出现的难题，制定切实可行的解决策略。下面介绍几种常见的定性分析方法。

(1) 案例研究。案例研究侧重于发掘大量的数据资料，如观察材料、访谈记录、文件等，以深入了解研究对象，如个人、项目或事件。这种方法也关注案例所处的整体环境，收集与其相关的历史、经济及社会因素等信息，做到对案例的全盘掌握。

案例研究的分析步骤包括：案例内容的组织，即根据逻辑顺序排列特定事件；数据分析，即将数据进行分类；单例说明，即仔细审查具有特殊意义的文件、事件和数据；方式的确定；综合和概括。研究报告应包含：研究该案例的原因；对案例相关事实的详细描述；对数据的阐述；对发现的模式的讨论；与过去事件的关联。

(2) 人种学研究。人种学研究是一种定性研究方法，着眼于整体群体，尤其是具有相同文化背景的群体。其重点在于深入探讨群体成员的日常行为，以识别其文化规范、信仰、社会结构以及其他文化模式。人种学在理解特定、原始文化的复杂性方面具有独特的帮助作用。

人种学的基础和必要前提是以地点为基础的实地调查。首先，研究者通过关键人物进入地点。这个人可能是地区首领、校长、教师、企业所有人等。其次，与研究对象建立良好的关系并取得其信任。再次，将每个人纠集在一起，从而对文化背景有总体的认识。最后，研究者确定关键信息的来源并参与观察。

人种学研究分析包括：描述，即将所获信息按照年份或者有代表性的个人或重要事件或一段故事进行逻辑化整理；分析，即按意义对数据进行分类；解释，需注意严谨的主观性，并注重平衡、公正、完整和灵敏度。

人种学的研究报告内容包括：介绍研究的基本原理和内容，背景和方法的描述，所研究文化的分析，研究结论等。

(3) 现象学研究。现象学研究关注于对事件本质的深度剖析，即探究"此类经验之后会产生何种变化"。研究选取实践中的 5～25 人，进行多次 1~2 小时的深入交谈。研究者侧重于倾听并记录受访者在日常生活中所遭遇的、与研究对象相关的情境。此法旨在通过深度对话获取丰富的研究素材。

现象学研究分析过程包括：确定与主题相关的表述，将访谈资料分解为独立的观点片段；将这些表述归纳为有意义的单元，以便全面地展现体验现象；寻找观点差异，通过多种途径探讨对同一现象的多元体验；最后，整合所有理解，形成对现象的全面描绘。

现象学研究报告形式灵活，但通常包含研究问题、数据收集及分析方法、研究结论、与既有理论的关联以及研究成果的实际应用价值等要素。

(4) 扎根理论研究。扎根理论关注人类行为与互动，旨在通过数据构建理论框架。研究采用预定程序对数据进行分析，以达成理论建构。备忘录在扎根理论研究中扮演着关键角色。

扎根理论研究分析包括：公开法则，细致审查数据分类与主题的一致性；轴向原则，在各类别之间建立联系；选择性法则，将分类及其之间的联系整合，构建故事线，描述研究现象的具体情况。

扎根理论研究报告内容包括：研究问题阐述、相关议题回顾、研究方法与数据分析说明、理论表述、含义讨论等。

(5) 内容分析研究。为了识别模式、主题或倾向，内容分析研究对特定主题的内容进行了详细而系统的分析。这种分析通过多种人际交流形式展开，涵盖书籍、报纸、电视、电影、艺术、音乐、会议记录，以及人们交流的录像带和谈话笔录等。

首先，内容分析研究需要明确研究对象；其次，精准界定特性，如涉及复杂素材，可以分段研究，细致查阅示例材料以明确定义。随后，依据上述流程获取数据，通过数据分析展示研究对象的特性程度列表，实现定性与定量相结合的分析效果。

内容分析研究报告内容包括：对研究对象主体的描述、对探寻的特征做出精确的定义和描述、程序编码和评估、对每个特征进行列表、描述数据所反映的模式等。

(三) 定量研究方法

(1) 定量研究的定义。定量研究包括明确研究问题、分解研究因素、运用数学方法或测试系统对变量进行量化，检验研究问题并得出总体结论。自 20 世纪初起，定量研究已在各个领域得到广泛应用，这得益于科技发展和现代技术的普及。

(2) 定量研究的测定尺度及特征。

① 名义尺度。通过所使用的数值来区分事物，描述个体或整体特性。

② 顺序尺度。所使用的数值的大小，是与研究对象的特定顺序相对应的。例如，将马分为上、中、下三等，分别标为(3)(2)(1)，只是其中表示上等马的"(3)"与表示中等马的"(2)"的差距和表示中等马的"(2)"与表示下等马的"(1)"的差距并不一定是相等的。

③ 间距尺度。所选取的数值不仅是对测定对象的度量，还反映了它们之间的差异。在这种度量标准中，起点可以随意设定，而不是被定义为"零"。以 0°C为例，它对应于绝对温度的 273K，以及华氏 32F。需要注意的是，名义尺度和顺序尺度的数值无法进行简单的加减乘除运算，而间距尺度的数值可以进行加减运算，但不能进行乘除运算。例如，4°C和 11°C之间的差距与 9°C和 16°C之间的差距相同，都是 7°C。但不能说 16°C是 4°C的 4 倍。

④ 比例尺度。其意义是绝对的，原点 0 的意义为"无"。比例尺度具有加减乘除运算的可行性，适用于长度、重量、时间等各种测定范畴。在比例尺度测定中，差值和比值均可进行有意义的比较。这种度量方式的普适性使其在多个领域得以应用，包括但不限于长度、重量以及时间。

六、科研成果

(一) 科研成果的含义

在科研课题中，科研工作者需要凭借调研、研究设计以及批判性思考构建出被称作科研成果的知识产物。此类成果经过技术评审或社会实践检验，体现出相应的学术或实用价值。科研成果展示了科研工作者在特定领域的创新性及独到见解，其学术与实践价值已在社会范围内得到公认。此知识产物的产生过程涉及多个方面，如调查研究、设计研究及批判性思考等，为科学研究的深化提供坚实的支持。由此可见，科研成果包含以下三要素：一是必须通过科学研究活动获取，是科研工作者通过反复观察实验、归纳总结而成的全新思想体系；二是具有创新性。若科学研究仅机械重复前人的成果，没有新的见解且没有改进提升，即使付出巨大努力，也难以称之为科学技术研究成果；三是科研成果还必须具备一定学术或实用价值，该价值可通过技术鉴定、科技奖励等途径评判，或在市场环境下以商品形式衡量。然而，随着科研产品商业化，部分成果为保持科研机密并追求更高经济利益，未经科技鉴定便通过转让等方式投入生产，此类成果虽未经鉴定，但因其实用性强，也应视作科研成果。

(二) 科技成果的表现形式

世界著名物理学家和化学家法拉第指出："科学研究有三个阶段，首先是开拓，其次是完成，第三是发表。"科研工作者历经艰辛探索研究所得出的结论或创新事物，应及时以适当方式展现，唯有如此，才能衡量其创造性劳动的价值与效率。为使科研成果获得社会认可，成为推动社会生产力进步的重要力量，我们需适时公开与发表。此举既是确认科技工作者对其发现或发明享有的优先权，也是在知识产权保护日益强化的背景下，科研成果展现方式日益多元化的体现。科技成果主要有以下几种表现形式。

(1) 科技论文。科技论文是建立在科学实验和研究基础之上的论述性文章，它利用概念、判断、证明、推理、反驳等逻辑思维方法，记录并阐述创新性的技术开发工作成果。作为科学研究的一种工具和科研成果的直接体现，科技论文通常采用科学术语，按照标准的写作格式进行撰写，并通过正规且严格的审查流程，最终公开发表或进行内部交流。此外，科技论文也是学术交流的重要形式，用于说明科研工作者对某一研究课题的观点和看法，阐述最新的研究方法和研究成果，接受社会各界的评议和审查，在批判与讨论中探寻真理。

(2) 专利。知识产权是指对智力成果所享有的占有、使用、处分和收益等权利，它作为一种无形财产权，与有形财产如房屋、汽车等一样，都受到国家法律的保护，并具备相应的价值和使用价值。在实际应用中，一些重要专利、驰名商标或作品的价值甚至可能超过有形资产。知识产权的涵盖范围广泛，涵盖了专利权、商标权、商业秘密、著作权(版权)、厂商名称等多个方面，同时也包括制止不正当竞争、保护植物新品种、原产地名称、货源标记等其他智慧成果。专利作为知识产权的重要组成部分，是专利权的简称。根据《中华人民共和国专利法》，它授予申请人在一定时间内对其发明创造的独占、使用和处分权利，是一种财产权，为独占现有市场、抢占潜在市场、获得经济效益提供法律保护。

(3) 其他科研成果。科研成果的表现形式多种多样，除了本书详细介绍的论文和专利这两种主要形式，还有工艺图纸、技术方案、学术报告、专著等。科研工作者应该根据科研成果的性质选取合理的表现形式，以便更加准确、务实地将科技成果公之于众。

第二节　科研思维的运用

此处提到的科研思维的运用，主要是指专利的申请与授权。专利文本通过中国专利电子申请网提交后，距离正式审批还需要一定的周期。通常，发明专利需要两年左右的时间，实用新型专利需要六个月到一年多的时间，外观设计专利会相对较快。在这段时间内，除了缴纳费用、取得专利受理书并回答答辩问题，还需耐心等待。

一、有效力的"专利已受理"

当我们完成专利申请后，国家知识产权局会发出一份《专利申请受理通知书》，这表示该专利已获国家知识产权局正式受理，且具备法律效应。这份电子文件不仅是国家知识产权局收到申请后的通知，还是具有法律效应的证明。

(一) 受理通知书的主要含义

(1) 受理通知书正式确认申请人提交的专利申请符合受理条件,作出予以受理的决定,因此受理通知书可作为向国家知识产权局专利局提出某项专利申请的证明。这是受理通知书的基础功能。

换言之,它证明国家知识产权局已正式受理该专利,同时证明申请人已成功提交该专利申请。因此,即使所申请的专利尚未获得专利权,只要能提供相应的受理通知书,便可作为科研工作的有力支持,务必妥善保存其电子版本。

(2) 告知专利申请人国家知识产权局专利局确定的申请日期和专利申请号。申请日期和专利申请号至关重要,在后续手续中将频繁使用,申请人应仔细核对,且专利申请号一经确认,后期无法更改。如有错误,须按正规程序修改。

(3) 受理通知书记录了国家知识产权局专利局核实的申请文件清单,以此证明申请人向国家知识产权局专利局提交了何种文件。

(二) 受理通知书的法律效力

专利受理是一项重要的法律程序。专利申请被受理后,从受理之日起就成为在国家知识产权局专利局正式立案的一件正规国家申请,将产生正式的法律效力。

(1) 专利受理后,在受理日以后所有同样的专利申请都不会被授予专利权。也就是说,专利受理后,申请人对该项技术方案即享有独占权,在受理日以后的任何与该技术方案雷同的专利申请均无法获得授权,而且具有法律效力,该意义重大。当然,这里有一个前提,若该专利日后能获得授权,则意味着申请人对该技术方案享有独占权;若无法获得授权,则该技术方案将公之于众,与全社会共享。

(2) 无论申请是否被受理,除非法律有特殊规定,发明和实用新型专利申请的优先权期限在 12 个月内,其首次受理的申请均可作为后续申请中主张外国或本国优先权的依据。外观设计在外国首次提出专利申请之日起 6 个月内,对相同主题在中国提出申请的,首次受理的申请也可视为后续申请中主张外国优先权的基础。

(3) 自申请受理之日起,申请人可以根据相关规定,要求国家知识产权局专利局提供申请文件的副本。这是申请人获取申请文件副本的合法途径。

(4) 申请人对专利申请文件的修改不得超出原《说明书》、《权利要求书》或外观设计图规定的范围。

二、不可避免的专利答辩

无须过分担忧"答辩"这个词，国家知识产权局不会采取类似毕业答辩的方式，通过专业提问及演示答辩 PPT 来测试申请人的知识水平。事实上，专利答辩仅限于书面交流，只需根据问题进行书面回复即可。然而，专利答辩并非易事，需要掌握一定的技巧与时效性。

(一) 专利答辩的流程和要求

专利申请流程大致包括：申请、受理、审查、授权以及颁发证书。专利答辩通常发生于专利初审及实质审查阶段，仅发明专利有实质审查环节，实用新型专利和外观设计专利没有该环节。

初审答辩主要关注形式与格式问题，只需按照要求进行修正即可，难度较低。实用新型专利和外观设计专利无实质审查环节，因此答辩仅涉及上述形式与格式问题，相对简单。而实质审查答辩则主要针对内容问题，如歧义、不严谨、违反《中华人民共和国专利法》相关条款等，涉及更为深入的技术细节。在专利答辩时，请务必遵守答复期限，逾期答复和不答复的后果相同，均视为放弃该专利的申请。

在反馈答辩意见时，应针对《审查意见通知书》中所列问题，逐项分类进行答复，可以对审查意见进行补充或对申请文件进行修改。也可以反驳审查员的观点，但需提供明确且详尽的理由。对形式或手续方面的缺陷，只需按照要求进行纠正或修改即可。在对发明或实用新型专利申请文件进行补充或修改时，不得超出原《说明书》和《权利要求书》记载的范围；在对外观设计专利申请文件进行修改时，不得超出原图片或照片表示的范围。如需修改文件，应按规定格式提交相应替换页作为附件。

(二) 专利答辩的关键点

专利答辩的关键在于确保专利所述技术方案是正确且可复现的，绝不容许任何瑕疵或试图利用审查员对特定领域技术了解不足的漏洞。值得注意的是，务必准确理解审查员的提问，避免答非所问；回答问题应简洁明了，切中要点，措辞礼貌；同时需注意答辩时限，超时不予答复即视为自动放弃该专利申请。

简而言之，专利答辩主要源于专利申请存在缺陷。对专利局发出的专利答辩，必须予以积极回应，否则将被视为主动放弃专利申请。专利人对此应高度重视。若因专利自身缺陷严重导致直接被驳回，则仍有机会申请专利复审程序。因此，做好专利前期准备工作至关重要。

(三) 专利答辩示例

下面以《远程地址编码式多探头超声波车位监测装置及方法》专利为例进行答辩说明。

该项专利的《审查意见通知书》的内容如下。

第 1 项陈述了本次的意见是发生在"专利实质审查"的过程中，因此不可能是格式问题；

第 2~3 项未勾选，意味着专利并没有被驳回；

第 4 项认为疑问出在原始的申请文件中；

第 5 项陈述了意见的提出经过了检索，并出具了正式检索报告；

第 6 项勾选了"权利要求 8 不符合《中华人民共和国专利法》第 26 条第 4 款的规定"，证明疑问发生在《权利要求书》中的权利要求第 8 条；

第 7 项给出了结论性意见，即"申请人应当在《意见陈述书》中论述其专利申请可以被授予专利权的理由，并对通知书正文部分中指出的不符合规定之处进行修改，否则将不能授予专利权。"

第 8 项给出了注意事项，按照要求做即可；

第 9 项给出了通知书的页数以及是否有其他附件。

接下来是意见陈述，首先给出对应的专利申请号，然后详细陈述审查意见，内容如下。

申请号: CN201710065925.8，本申请涉及一种远程地址编码式多探头超声波车位监测装置及方法，经审查，现提出如下的审查意见:

一、权利要求 8 不符合《中华人民共和国专利法》第 26 条第 4 款的规定。

1. 权利要求 8 中记载了"所有地址码的最长宽度为 16*(2)4ms=38.4ms，所有地址码的最短宽度为 16*(1)2ms=19.2ms"，然而，对于所属领域的技术人员而言，地址码的长度应该是以"字节"为单位表示，因此，上述表述方式导致该权利要求保护范围不清楚，不符合《中华人民共和国专利法》第 26 条第 4 款的规定。

申请人应当在本通知书指定的答复期限内对本通知书提出的问题逐一进行答复，必要时应修改专利申请文件，否则本申请将难以获得批准。申请人对申请文件的修改应当符合《中华人民共和国专利法》第 33 条的规定，不得超出原《说明书》和《权利要求书》记载的范围。

上述审查意见表明，因书写权利要求书时一时疏忽，造成单位写错。这种失误应尽量避免，以免造成麻烦并且延长授权周期。

在专利审查过程中，经常会遇到下发审查意见的情况，此时需要进行审查意见答复。答复水平高的可以挽救专利申请，而答复水平弱的则可能无法说服审查员，从而导致申请被驳回。另外，审查意见的答复也会影响授权周期，如果在收到《审查意见通知书》后没有及时答复，那么授权周期就会延长。

针对上述意见，需要出具一份正式的《意见陈述书》，写法如下。

(1) 填入正确的专利申请号、专利名称和申请人；

(2) 填入正确的陈述事项，主要是填写"针对国家知识产权局于某年某月某日发出的第几次审查意见通知书(发文序号)陈述意见"。请将年月日，第几次的审查意见通知以及其发文序号填写清楚；

(3) 填写陈述意见，本例如下。

尊敬的审查员：

非常感谢您对本申请的仔细审查，申请人认真阅读了针对本申请的《第一次审查意见通知书》，对权利要求书进行修改并作出意见陈述如下：

删除不符合《中华人民共和国专利法》第 26 条第 4 款规定的权利要求 8。

其他权利要求的权项数和引用关系进行适应性修改。

上述修改未超出原始申请文件的记载范围，符合《中华人民共和国专利法》第 33 条的规定。

申请人相信，上述修改已经克服了《第一次审查意见通知书》中指出的缺陷和不足，希望审查员在此基础上进行进一步审查，并考虑尽快授权本申请，倘若还有任何问题请及时与申请人联系。

在陈述意见中，实际上直接放弃了不太重要的权利要求 8，并且适当修改了其他的权利要求。

(4) 如果在附件清单和附件页中写上需要提供的附件，本例则需要替换《权利要求书》，那么附上《权利要求书》的替换页即可。

本次审查意见的答复已完成，请读者参考。

三、专利转化

专利转化是将专利成果进行产业化处理,进而得到实际应用和推广。以企事业单位为例,一旦其发明专利得到各级机关的审批,便可在规定范围内进行实际运用,最终转化为具有实际价值的产业成果。《中华人民共和国专利法》第14条明确指出,国有企业事业单位的发明专利,对国家利益或者公共利益具有重大意义的,经过相关主管部门和省级政府的评估并报国务院批准后,可以决定在批准的范围内进行推广和使用。按照国家的规定,向专利权人支付相应的使用费用。

(一) 专利转化的形式及转化途径

(1) 专利转化的传统形式包括:自行运用、专利转让、专利许可。自行运用是指申请人自行利用专利权进行商业化运作或研发项目;专利转让是指将专利权出售或转让给他人使用;专利许可是指允许他人在特定条件下使用专利技术。专利许可的种类可根据其性质、范围、权限来划分。按许可性质划分,可分为合同许可、计划许可和强制许可;按许可方所授予被许可方的权利和范围大小,可分为独占许可、排他许可、交叉许可、普通许可、开放许可等。

(2) 专利转化的新型转化形式包括:资本化、证券化、质押融资等。资本化是指将专利技术转化为资本的过程,通过资本注入实现专利项目的商业化或市场化。证券化是指将专利技术等无形资产转化为可以交易的证券,进行融资或投资活动。质押融资是指将专利技术作为质押品,获取融资资金的一种融资方式。

(3) 专利转化可通过如下途径完成:自行转化;委托中介机构;参加各种展会;通过知识产权网络交易平台买卖专利。

① 自行转化:企业可以自主进行专利技术的开发、推广和商业化,通过自身资源和能力实现专利转化。

② 委托中介机构:企业可以委托专业的中介机构或机构服务平台,如专利代理机构、技术转移中心等,帮助进行专利技术的推广和转化。

③ 参加各种展会:企业可以参加行业展会、专业展览会等活动,通过展示自身的专利技术,吸引潜在合作伙伴或投资者,促进专利的转化和合作。

④ 通过知识产权网络交易平台买卖专利:利用知识产权网络交易平台,企业可以发布专利转让信息或进行专利交易,寻找买家或合作伙伴,实现专利技术的转化和价值

变现。

以上途径为企业提供了多样化的选择，能够帮助企业更有效地进行专利转化，实现专利技术的商业化和市场化。

(二) 专利转化的法律程序

专利转化涉及法律程序的主要步骤包括专利保护、专利评估、专利转让和专利许可。

(1) 专利保护：在进行专利转化之前，首先需要确保专利权利益的合法性和有效性。申请专利保护可以通过国家知识产权局专利局申请，来获得专利权的保护。

(2) 专利评估：对专利技术进行评估，包括技术水平、市场价值、竞争优势等方面。评估可以由专业的评估机构或专利代理机构进行。依据《专利资产评估管理暂行办法》第 4 条的规定，专利资产占有单位发生特殊情形的，应当委托专业评估机构进行专利资产评估。即使在没有发生这些特殊情形的情况下，单位也可以选择委托评估机构进行专利资产评估。

(3) 专利转让：专利持有人可以选择将专利技术进行转让，即将专利权利转让给他人或企业。转让需要签订专利转让协议，并根据法律程序完成转让手续。专利的转让与变更登记遵循《中华人民共和国专利法》的相关规定。具体而言，依据该法第 10 条的规定，专利申请权和专利权可以转让。当中国境内的单位或个人欲将此类权利转让给外国实体时，必须遵循相关法律和行政法规的规定来完成相关手续。为了确保转让的合法有效，双方需签订书面合同，并在国务院专利行政部门进行登记，之后该部门将对此进行公告。自登记后，该专利的转让即具备法律效力。

(4) 专利许可：专利持有人可以选择将专利技术进行许可，即授权他人使用专利权利。许可需要签订专利许可协议，明确双方的权利和义务。依据《中华人民共和国专利法》第 12 条的规定，任何单位或个人实施他人专利的，应当与专利权人签订实施许可合同，向专利权人支付专利使用费。被许可人无权允许合同规定外的任何单位或者个人实施该专利。

通过本章的学习，我们深入学习了如何成功撰写一份高质量的专利申请书，掌握了撰写专利申请书的相关技巧和注意要点。然而，专利的价值不仅在于其申请和授权，更在于其深度挖掘与有效的成果转化。专利不仅是一份法律文件，更是一项资产，能够为发明者带来经济利益和社会影响力。在接下来的"专利挖掘与成果转化"章节中，我们将进一步探索如何从专利中发掘更大的商业价值和社会效益。

复习思考题

一、简答题

1. 请简述科研思维的含义及其在学术研究中的重要性。
2. 科研思维有哪些核心特征，它们如何影响研究过程？
3. 科研思维如何促进创新思维的发展？
4. 请简述科研方法论的基本构成及其在科研思维中的作用。
5. 为什么科研伦理对科研思维至关重要？请举例说明。
6. 在学术生涯中，科研思维应如何培养和提升？

二、论述题

1. 论述科研思维对社会发展的推动作用及其在解决社会问题中的作用。
2. 在当前的科研环境中，科研思维面临哪些挑战和机遇？
3. 选择一个科研思维在解决实际问题中发挥关键作用的案例，并回答以下问题。

问题一：请简要介绍该案例的背景和科研内容。

问题二：该案例中的科研思维有何特点和亮点？

问题三：该案例中的科研思维成功应用的原因是什么？

问题四：你对该案例中的科研思维有何启示和思考？

第七章
专利挖掘与成果转化

在当今快速发展的科技时代，创新已成为推动企业持续成长和行业进步的核心动力。专利作为创新成果的法律保护形式，不仅确保了发明者的智慧成果得到合法保护，更成为企业在激烈的市场竞争中保持竞争力的关键。本章将深入探讨专利挖掘的重要性、专利布局的策略，以及如何有效实现专利成果的商业转化等内容。

第一节　专利布局与企业成长

在知识经济的大潮中，专利布局已成为企业战略规划中不可或缺的一环。它不仅关系到企业的技术创新和市场竞争力，更是企业持续成长和保持行业领导地位的关键。通过巧妙运用专利布局策略，能够让企业在复杂的市场环境中稳健前行，把握行业发展的脉搏，构建起竞争对手难以逾越的壁垒。本节将深入探讨专利布局的概念、重要性以及如何通过专利布局促进企业的健康成长和行业竞争力的提升。

一、专利布局的含义与重要性

(一) 专利布局的含义

专利布局是指企业基于其商业目标和市场定位，系统地规划和管理其专利资产的过程。这包括识别、申请、维护和利用专利，以保护企业的创新成果，构建技术壁垒，防止竞争对手的模仿和侵犯。专利布局不仅涉及专利的数量和质量，还包括专利的地理分布、技术领域和法律效力。具体而言，专利布局可以分为以下几个层面。

(1) 策略层面的专利布局：一是专利布局应与企业的商业目标和长远规划保持一致，以支持企业的市场扩张和产品发展策略；二是深入分析目标市场，识别潜在的技术需求和竞争态势，以确定专利布局的重点领域。

(2) 技术层面的专利布局：一是通过研究技术发展趋势，预测未来可能出现的创新点，提前进行专利布局；二是与研发团队紧密合作，确保所有重要的创新成果都能及时申请专利保护。

(3) 法律层面的专利布局：一是根据保护需求，选择申请不同类型的专利，如发明专利、实用新型专利或外观设计专利；二是考虑在哪些国家和地区申请专利，以实现最佳的地域保护。

(4) 经济层面的专利布局：一是评估专利申请和维护的成本，与预期的市场回报进行比较，确保专利布局的经济合理性；二是规划专利的许可和转让策略，作为企业收入和合作的潜在来源。

(5) 竞争层面的专利布局：通过收集和分析竞争对手的专利布局，寻找市场机会和潜在的合作空间。同时构建专利组合，既可以作为防御措施保护自身产品，也可以作为进攻手段对竞争对手施加压力。

专利布局是一个动态的过程，需要企业不断地评估内外部环境变化，调整和优化专利策略。通过有效的专利布局，企业不仅能够保护自身的创新成果，还能够在激烈的市场竞争中获得优势，实现可持续发展。

(二) 专利布局对企业的意义

随着科技进步和经济全球化的加速，知识产权保护已经成为企业发展的关键因素之一。专利布局作为一种有效的知识产权保护方式，对企业的成长和市场竞争力产生了深远的影响。专利布局对企业的长远发展具有重要意义。

(1) 专利布局能够有效防止竞争对手的模仿和侵权行为，保障企业的创新成果不受侵犯。在激烈的市场竞争中，创新是企业生存和发展的关键。专利布局的首要作用在于为这些创新成果提供一道法律防线。通过申请专利，企业能够确保其技术不被竞争对手非法复制或使用。这种保护不仅局限于国内市场，通过国际专利申请，企业还能在全球范围内保护其创新成果。

(2) 专利布局能提升企业的市场竞争力,通过差异化竞争优势,增加企业的议价能力,从而扩大市场份额。专利布局通过创造差异化竞争优势,使企业在市场中脱颖而出。拥有专利的产品或服务往往被视为高质量和创新性的象征,这有助于企业建立强大的品牌形象,吸引消费者和合作伙伴。此外,专利还能增强企业的议价能力,无论是在价格设定还是在与供应商和客户的谈判中,拥有专利的企业通常处于更有利的地位。专利布局通过提供独特的产品特性或服务,帮助企业吸引更多的消费者,增加销售量,从而扩大市场份额。在某些情况下,专利技术还能开辟全新的市场或行业,为企业带来先发优势。

(3) 专利布局能推动企业在特定技术领域取得技术领先地位,积累丰富的技术知识和经验。专利布局不仅是对现有技术的保护,更是对未来技术发展的投资。通过专利布局,企业能够在特定技术领域内建立起技术领先地位,积累丰富的技术知识和经验。这种积累不仅能够加速企业自身的技术进步,还能够吸引行业内的顶尖人才,形成良性的技术发展循环。专利布局鼓励企业进行长期的研发投入和技术创新。在这个过程中,企业将不断积累技术知识和经验,形成自身的核心竞争力。这些知识和经验是企业最宝贵的资产,能够帮助企业在面对市场变化和技术挑战时做出快速而有效的响应。

总之,专利布局是企业在全球化竞争中保持竞争力的关键策略。它不仅能够保护企业的创新成果,还能够提升企业的市场地位,推动技术进步,增强企业的适应性和灵活性,最终促进企业的可持续发展。因此,企业必须高度重视专利布局,将其作为企业战略规划的核心内容。

二、专利布局的策略要素

在进行专利布局时,企业需要考虑多个要素,包括市场分析与技术趋势预测、专利组合的构建与管理,以及竞争对手的专利布局分析。这些要素将直接影响企业的专利战略,帮助企业更有效地保护和利用知识产权。

(一) 市场分析与技术趋势预测

在专利布局的策略要素中,市场分析与技术趋势预测是至关重要的环节。企业需要通过市场研究,了解行业发展趋势、市场需求和竞争态势,从而为专利布局提供基础数据和依据。同时,企业还需要对技术趋势进行预测,掌握前沿技术的发展方向和潜在应用，以便有针对性地进行专利保护和布局。

(二) 专利组合的构建与管理

专利组合的构建与管理是专利布局中的核心环节。企业需要根据市场需求和技术发展趋势，有针对性地构建专利组合，使其能够充分覆盖关键技术领域，确保企业在市场竞争中具有一定的优势。同时，企业还需要对已有的专利组合进行有效管理，包括监测专利有效期、定期审查专利价值、进行维护和更新等工作，以确保专利组合的价值得以最大化。

(三) 竞争对手的专利布局分析

了解竞争对手的专利布局是企业制定专利策略的关键之一。通过对竞争对手的专利布局进行分析，企业可以了解竞争对手的专利布局策略、技术优势和弱点，为企业的专利布局提供参考和借鉴。同时，还可以通过分析竞争对手的专利布局，发现竞争对手的技术创新方向和重点领域，从而及时调整和优化自身的专利布局策略，保持竞争优势。

综上所述，市场分析与技术趋势预测、专利组合的构建与管理，以及竞争对手的专利布局分析是企业在专利布局过程中的关键要素，企业需要综合考虑这些要素，制定全面有效的专利战略，提升企业的竞争力和创新能力。

三、领先企业的专利布局案例分析

在专利布局领域，一些领先企业通过制定精准的专利策略和不断创新，取得了显著的成功。下面将分别对小米科技、华为、阿里巴巴、腾讯、百度等互联网企业的专利布局进行深入的案例分析。

(一) 小米科技：从初创到国际市场的专利策略

小米科技作为一家以智能手机和智能硬件闻名的企业，其专利布局策略备受关注。在初创阶段，小米积极申请关于手机设计和硬件技术的专利，建立了自己的专利组合。随着公司的不断发展壮大，小米开始拓展国际市场，并加大对核心技术领域的专利布局力度，以保护自身的技术优势和市场地位。

当前，小米科技作为全球知名的消费电子和智能硬件制造商，其在物联网领域的专利布局体现了公司对创新和市场趋势的敏锐洞察。小米的专利组合是其技术创新实力的重要体现，这些专利不仅覆盖了硬件设计和制造工艺，确保了产品在功能性和耐用性上的优势，而且也包括了软件服务和用户界面设计，这些方面的专利提升了用户体验和操作便捷性。

小米的智能家居产品，如智能音箱、智能灯泡、智能门锁等，凭借其专利技术，实现了与其他智能设备的互联互通，为用户提供了更加智能化和个性化的家居体验。在可穿戴设备市场中，小米的智能手表和健康追踪器等产品，通过专利技术的应用，提供了更加精准的健康监测和运动数据分析，满足了消费者对健康生活方式的追求。

总而言之，小米不仅在技术层面建立了竞争壁垒，更在品牌建设和市场扩张方面取得了显著成效。小米的全球市场影响力得益于其专利所体现的创新能力和对用户需求的深刻理解。这些专利技术的应用，不仅推动了小米产品的多样化和个性化发展，也为整个物联网行业的发展提供了新的动力和方向。

(二) 华为：全球通信巨头的专利布局

华为作为世界领先的通信技术企业，其专利布局策略更显重要。华为在通信领域拥有庞大的专利组合，涵盖了 5G、物联网、人工智能等领域，为公司在全球市场的竞争提供了有力支持。华为注重技术创新，不断加大研发投入，掌握核心技术，并通过专利申请和保护，维护自身的技术优势和市场地位。

华为的专利布局策略是其全球商业成功的关键，其核心要点主要体现在以下三个方面。

(1) 技术创新与全球专利保护。华为凭借持续的高额研发投入，不断推动 5G、物联网、人工智能等关键技术领域的创新。其专利布局不仅覆盖了核心技术，确保了技术优势和市场竞争力，更在全球范围内构建了强大的专利组合，为产品国际化提供了坚实的知识产权保护。

(2) 商业战略与专利战略的深度融合。华为将专利战略与商业战略紧密结合，通过专利授权、交叉许可等手段，与全球合作伙伴建立了互利共赢的合作关系。同时，通过积极参与国际标准的制定，华为的技术专利得以成为行业发展的标杆，进一步巩固了其在通信领域的领导地位。

(3) 持续优化与社会责任的履行。华为不断审视和优化其专利战略，以适应市场和技术的快速变化，确保专利资产的有效性和商业价值。此外，华为注重专利技术在解决社会问题和推动可持续发展方面的应用，展现了其对社会责任的承担和对创新文化的培养，为公司的长期发展和全球影响力提供了支持。

总之，华为的专利布局策略不仅保障了企业的技术创新和市场竞争力，更在全球范围内树立了积极的企业形象，推动了技术进步和社会贡献。

(三) 阿里巴巴、腾讯、百度：互联网企业的专利攻防

阿里巴巴、腾讯、百度作为中国领先的互联网科技公司，它们的专利布局也展现出了独特的特点。这些企业在人工智能、大数据、云计算等领域积极布局专利，以保护自身的技术创新和研发成果。同时，它们也遭遇到专利侵权和诉讼等挑战，需要通过专利攻防，保护自身权益。

(1) 阿里巴巴的专利攻防。阿里巴巴集团作为中国电商和云计算的领军企业，其专利布局同样不容小觑。在面对专利侵权诉讼时，阿里巴巴不仅积极应对，还通过专利无效宣告的手段，有效维护了自己的合法权益。阿里巴巴的专利布局策略体现了其在电商技术、大数据处理和人工智能等领域的深厚积累，同时也展示了其在专利攻防上的成熟与智慧。阿里巴巴集团的专利攻防策略是其商业成功的关键支撑，可以从以下三个核心要点进行归纳。

① 全面且深入的专利布局：阿里巴巴在电商、云计算、大数据处理和人工智能等关键技术领域拥有广泛的专利组合。这些专利不仅覆盖了核心技术，也包括了创新的商业模式和服务流程，确保了公司在各个业务领域的技术领先和市场竞争力。

② 积极有效的专利攻防机制：面对专利侵权诉讼，阿里巴巴通过专业的法律团队和专利顾问，积极应对并制定有效的应对策略。同时，公司运用专利无效宣告等手段，挑战不合理的专利侵权指控，有效维护了自身的合法权益。

③ 专利战略与商业发展的紧密结合：阿里巴巴将专利布局与商业战略紧密结合，通过专利保护支持公司的商业模式创新和服务拓展。公司的专利攻防策略体现了其在知识产权管理上的成熟与智慧，以及持续创新和专利资产积累的承诺，为公司的长期发展和全球业务提供了坚实的基础。

(2) 腾讯的专利布局。腾讯公司以其在社交、游戏和数字内容领域的强大影响力而闻名。腾讯的专利布局策略聚焦于其核心业务，同时也在不断探索新的技术领域。通过大量的专利申请和授权，腾讯不仅保护了自己的创新成果，还通过专利许可和合作，推

动了产业生态的健康发展。腾讯公司的专利布局策略体现了其在维护和增强市场地位方面的深思熟虑，可以从以下三个关键点进行归纳。

① 核心业务的专利保护。腾讯的专利布局紧密围绕其在社交、游戏和数字内容等领域的核心业务展开。通过积极申请和获得专利，腾讯确保了其关键技术和创新成果得到法律保护，防止竞争对手的模仿和侵权，巩固了其在相关领域的领导地位。

② 技术创新与专利布局的同步发展。腾讯不断探索和拓展新的技术领域，如人工智能、云计算和大数据等，其专利布局策略与这些新兴技术的发展趋势同步。通过专利申请，腾讯不仅保护了自身的技术创新，还为公司的长期发展和技术进步奠定了基础。

③ 专利运营与产业生态建设。腾讯通过专利许可和合作，积极推动产业生态的健康发展。这种运营策略不仅为公司带来了额外的收益来源，还促进了行业内的技术交流和合作，加强了腾讯与合作伙伴之间的协同效应，共同推动了整个行业的创新和发展。

通过以上三大策略，腾讯的专利布局成为公司持续创新和保持市场竞争力的重要保障，同时也为整个科技产业的繁荣贡献了力量。

(3) 百度的人工智能专利布局。百度作为中国人工智能领域的领军企业，其专利布局策略体现了公司对技术创新和知识产权保护的高度重视。以下是对百度专利布局策略的归纳。

① 关键技术领域的深度专利布局。百度在机器学习、自然语言处理和自动驾驶等关键技术领域的专利布局，展现了公司在人工智能深度与广度上的技术积累。这些专利资产不仅为百度的技术发展和市场竞争力提供了法律保障，也对整个行业的技术进步和标准化做出了重要贡献。

② 技术创新与研发投入的持续积累。通过不断的技术创新和研发投入，百度积累了大量具有战略意义的专利。这些专利涵盖了从算法优化、模型训练到应用部署等环节，为智能系统的自我学习和决策能力提供了强有力的技术支撑，体现了百度在技术创新上的持续追求和领先地位。

③ 专利布局促进人机交互和自动驾驶的发展。在自然语言处理技术方面，百度的专利布局推动了语言理解、情感分析和机器翻译等细分市场的发展，极大地提升了人机交互的自然性和流畅性。而在自动驾驶技术领域，百度的专利涵盖了从感知、决策到控制的全链条技术，为实现安全、高效的自动驾驶提供了坚实的技术基础。

百度的专利布局不仅保障了公司自身的技术发展和市场竞争力，也推动了人工智能行业的整体进步和商业化应用。通过这些战略性的专利资产，百度在人工智能领域确立了其行业领导者的地位，并为未来的技术革新和产业发展奠定了坚实的基础。

第二节　专利转化机制与实践案例

专利转化是将专利技术从实验室走向市场的过程，它是企业创新链中至关重要的一环。本节将深入探讨专利转化的内涵、流程、挑战与机遇，并通过实际案例展示专利转化的成功路径。

一、专利转化的内涵与流程

专利转化指的是将专利技术转化为实际产品或服务的过程，这一过程涉及技术的商业化应用，包括但不限于专利技术的许可、转让、合作开发等形式。专利转化不仅是技术转移的过程，也是知识、技能和人才的转移。

专利转化是将创新的科技成果转变为经济效益和社会价值的重要途径。专利转化包括技术转让、技术许可、技术转化、技术引进等形式，旨在促进科技创新成果的产业化、商业化，加速科技成果在市场上的应用和推广。

专利转化流程通常包括以下几个阶段。

(1) 技术评估和市场调研：在专利转化流程中，首先需要进行技术评估和市场调研。通过对专利技术进行评估，确定其技术含量、商业化前景等，同时对市场需求、竞争态势等进行调研，为后续的专利转化提供基础信息。

(2) 寻找合作伙伴：根据技术评估和市场调研的结果，选择合适的合作伙伴。合作伙伴可以是其他企业、研究机构、投资机构等，通过与合作伙伴的合作，实现技术共享和资源整合，推动专利技术的商业化和产业化。

(3) 谈判和签订协议：在确定合作伙伴之后，需要进行谈判并签订合作协议。协议内容包括专利转让、技术许可、技术转化等，明确双方的权利和义务，规范专利技术的使用和价值分配。

(4) 技术转化和产业化：在签订合作协议后，进入技术转化和产业化阶段。该阶段包括将专利技术转化为实际产品或服务，进行研发、生产、市场推广等活动，实现专利技术的商业化应用和市场化推广。

(5) 监督和评估：在技术转化和产业化阶段，需要对专利转化过程进行监督和评估。定期评估专利技术的商业效益、市场影响、技术创新成果等，及时调整并优化专利转化策略，确保专利技术的有效转化和产业化。

专利转化有助于有效实现科技创新成果的商业化应用，促进产业升级与转型，提升企业的市场竞争力和创新能力，推动经济社会可持续发展。

二、专利转化的挑战与机遇

随着科技的日新月异，专利技术的商业化应用已成为企业发展的重要驱动力之一。然而，专利转化并非易事，需要综合考虑多个方面的因素，如专利质量、专业知识和市场洞察力、政策环境、市场渠道等。因此，深入研究专利转化的各个环节，对企业制定合理的专利战略具有重要意义。

(一) 专利转化的影响因素

(1) 专利质量：优质的专利具有清晰的保护范围、高度的创新性和成熟的技术水平，是专利转化成功的基础。

(2) 专业知识和市场洞察力：专利质量的评估需要专业知识和市场洞察力，这有助于准确评估专利的商业价值和市场潜力。

(3) 政策环境：政府的支持政策、税收优惠、资金扶持等措施对推动专利转化进程至关重要，为企业提供发展和转化的有利条件。

(4) 市场渠道：构建高效的市场渠道，包括销售网络、分销商、合作伙伴等，可以帮助专利技术顺利推向市场，达到商业化应用的目标。

以上因素在专利转化过程中至关重要，企业在实施专利转化策略时应综合考虑这些因素，以提高成功转化的概率，实现专利技术的商业化应用并取得经济效益。

(二) 专利转化面临的挑战

(1) 技术与市场需求对接面临挑战。将专利技术与市场需求有效对接是专利转化中最重要的挑战之一。有时，技术发明者和市场营销团队之间存在理解和沟通上的障碍，导致技术无法顺利商业化。

(2) 资金筹措方面的挑战。专利转化需要投入大量的资金用于技术开发、市场推广等环节，资金筹措是专利转化中的一项重要挑战。企业需要在融资渠道选择、资金管理等方面进行周密策划。

(3) 合作伙伴甄选过程中面临挑战。寻找合适的合作伙伴对专利转化至关重要。企业需要与技术转移机构、产业合作伙伴、投资者等合作，选择适合自身发展需求的合作伙伴。

(三) 专利转化蕴含的机遇

(1) 新兴技术领域的机遇。在新兴技术领域，如生物技术、信息技术、新能源等，通常具有高科技含量和市场需求，专利技术的转化可以为企业创造新的增长点和竞争优势。

(2) 市场拓展和品牌建设的机遇。通过专利技术的转化，企业可以进一步拓展市场，推动产品和服务的创新，树立品牌形象。专利技术的商业化成功不仅带来经济效益，还有助于增强企业在行业中的声誉和影响力。

(3) 国际合作与跨界创新的机遇。专利技术转化为企业提供了国际合作和跨界创新的机会。通过与国际企业、研究机构以及行业合作伙伴合作，企业可以共同发展创新产品，开拓国际市场。

通过深入分析专利转化的内涵、流程、影响因素、挑战与机遇，企业可以更好地把握专利转化的策略和方向，实现专利技术的最大价值。接下来，我们将通过具体的实践案例，进一步探讨专利转化的成功要素和经验教训。

三、专利转化的实践案例

在我国，专利转化和科技成果转化的案例众多。接下来，将为大家介绍几个专利成果转化的案例，进一步说明不同情境下的转化策略。

(一) 湖南大学的电涡流阻尼新技术

湖南大学的电涡流阻尼新技术转化案例是我国专利产业化的典范。该技术起初以20万元的价格转让，但凭借其在结构减震领域的创新性和实用性，迅速发展成为一系列高价值专利。湖南大学通过构建全流程服务体系，不仅推动了技术的成熟和优化，还促进了技术的市场推广和应用。技术以超过1亿元的作价入股，实现了产业化，这一战略举措不仅为学校带来了经济收益，更为技术的持续发展注入了活力。目前，电涡流阻尼新技术已被应用于北京大兴国际机场和北京冬奥会国家体育馆速滑馆等标志性工程项目，显著提升了建筑的抗震性能和安全标准。这一成功案例体现了我国在推动知识产权保护和利用方面的坚定决心，同时也展示了高校如何通过创新服务体系和市场策略，将科研成果转化为具有实际应用价值的技术，促进科技进步和社会发展。

(二) 有研集团的氢燃料电池低压车载固态储氢装置

有研集团深刻认识到关键核心技术对企业乃至国家竞争力的重要性，因此将其作为推动科技创新和持续发展的核心抓手。通过持续的研发投入和技术创新，有研集团在氢燃料电池领域取得了突破性进展，特别是在低压车载固态储氢装置的研发上，成功实现了科技成果的有效转化和应用。

在这个过程中，有研集团不仅注重技术研发本身，更重视科技成果的商业化和产业化路径。通过与产业界的紧密合作，有研集团探索出了一套切实可行的创新发展模式。这套模式不仅促进了科技成果的快速转化，也为知识产权的保护和运用提供了有力支撑。

(三) 上海市专利转化运用十大典型案例

上海市知识产权局评选并发布了《2024年上海市专利转化运用十大典型案例》，其中包括上海交通大学、同济大学、华东理工大学、上海科技大学、上海交通大学医学院附属第九人民医院等多个高校和医疗机构的专利转化案例。这些案例涵盖了从医疗技术到高端医疗器械，从新材料到信息技术等多个领域，展示了专利转化在促进地方经济发展和科技创新中的重要作用。

以上三个案例，或从商业运作、市场角度推动成果转化，或从造福世界角度推动成果转化，助力创新成果"落地成金"。从科技成果转化的成效角度来看，只有做到形成新产品、新工艺、新材料，才算是科技成果转化。需要明确的是，一项具有实用价值的科技成果所开展的后续试验、开发、应用、推广等，只要形成了新产品、新工艺、新材料，发展新产业等活动中的一个或多个，都视为科技成果转化。然而，科技成果转化的成效评价应以结果为导向，看其在多大程度上提高了生产力水平。生产力水平提升幅度越大，科技成果转化的成效越显著。

四、国家层面的专利转化行动方案

(一) 《专利转化运用专项行动方案(2023—2025年)》概览

《专利转化运用专项行动方案(2023—2025年)》是国家在促进专利技术转化和运用方面的重要举措。该行动方案旨在推动高质量专利技术向商业化转化，以促进科技创新与经济发展的有机结合。通过一系列政策和措施，力求提高专利转化效率和水平，促进专利技术的应用与产业升级。

(二) 政策目标与实施重点

(1) 政策目标：该行动方案的政策目标主要包括提高专利质量，加强专利转化机制建设，推动技术创新成果产业化，促进企业间技术合作，增强知识产权保护意识等方面。

(2) 实施重点：该行动方案将重点关注专利质量提升、专利转化服务体系建设、专利运用示范项目支持、专利保护和执法力度加强等方面。通过完善政策体系、加大金融支持力度、优化法律法规环境等措施，助力专利技术的转化与应用。

(三) 政策对企业与个人创新者的潜在影响

(1) 对企业的潜在影响：该行动方案将为企业提供更多专利转化的支持和激励措施，帮助企业优化技术结构，提高创新能力，增强市场竞争力。同时，减轻在专利转化过程中的风险与成本，推动企业更好地应用和受益于专利技术。

(2) 对个人创新者的潜在影响：对于个人创新者而言，行动方案将提供更多资源和平台支持，鼓励个人进行技术创新并将成果转化为商业价值。同时，加强知识产权保护，保障个人创新者的合法权益，激发更多人投身创新领域，推动科技创新发展。

总体而言，《专利转化运用专项行动方案(2023—2025年)》将为国家的专利转化事业注入新的动力与活力，促进专利技术的有效运用，推动科技创新与产业发展的良性循环。

第三节　专利的意义分析

从蒸汽时代的机械创新到互联网时代的信息技术革命，再到未来人工智能时代的智能技术突破，人类社会的进步始终与知识产权紧密相连。专利作为一种知识产权的形式，其核心价值在于对创新方案和创意思维的保护。专利制度的独特之处在于，它不仅保护已经实现的技术成果，更鼓励和保护尚未实现、但具有潜在应用价值的创新想法。接下来，将深入探讨专利在个人发展和企业成长中的关键作用。

一、专利作为个人创新能力的认证

在当今快速发展的知识经济时代，知识产权尤其是专利权对个人的意义不可小觑。专利不仅是一种法律认可的创新成果证明，更是个人智力劳动成果的护盾，保护我们免遭他人未经授权的盗用和侵权。从个人能力展示到成果保护，专利发挥着多重作用。以下将展开讨论专利在个人发展中的独特价值及其所带来的一系列益处。

(1) 专利作为个人创新能力的认证，有助于激发个人的创新激情和动力。在竞争激烈的社会环境下，个人需要不断提升自己的技术水平和创新能力，以获得更好的发展机会和竞争优势。获得专利可以被视为个人在特定领域取得的重要成就，是对其创新能力和技术水平的认可。这种认可不仅可以增强个人的自信心，还有助于激励个人在科研和创新领域持续努力，进一步推动自身的发展和成长。例如，对于有志于成为发明家的人而言，拥有三项或以上的发明专利，便有机会加入中国发明家协会，正式步入发明家的行列。这既是对个人创造能力的认可，也是对其专业成就的肯定。

(2) 专利作为个人创新成果的法律保护形式，可以有效地保护个人独创性的技术或设计，防止他人的抄袭和侵权行为。这种保护机制为个人创新者提供了安全感和保障，鼓励他们积极投入到更加复杂和具有挑战性的创新项目中。个人创新者获得专利的过程也是一个不断学习和成长的过程，可以帮助他们积累经验，不断完善自己的技术和创新能力。

(3) 对于大学生而言，专利的持有不仅能够增加他们在学术领域的竞争力，还可以在考研和求职时提供额外的优势。许多高校为持有专利的学生提供了加分政策，这在激烈的学术竞争中无疑是一种巨大的优势。此外，专利持有者在就业市场上也更受欢迎，他们往往能够获得更好的工作机会和更高的薪酬。

总之，专利作为个人创新能力的认证，对个人的职业发展、技术交流和创新成果的应用具有积极的促进作用，为个人创新者提供了更加有力的支持和鼓励，助力其在科技创新领域取得更多突破和成就。

二、专利在社会积分与福利政策中的作用

专利不仅是创新成果的法律保护手段,也是个人在社会中获得额外红利的途径。在不同的城市中,专利持有者可以享受到各种形式的积分和福利政策,这些政策体现了社会对知识产权和创新精神的重视和鼓励。

我国在教育和户籍制度方面对专利持有者提供了更多优待政策。在北京、广州、深圳、上海等一线城市,专利持有者的子女在申请入学时可以享受积分优待。根据最新政策,发明专利和实用新型专利的发明人,或优秀科技成果的主要完成人,将获得相应额度的积分。此外,大城市的落户政策也对专利持有者提供了积分加分,以吸引和鼓励高技能人才。随着政策的不断优化,专利持有者在子女教育和个人职业发展方面享受到的服务和支持更加全面。国家通过这些政策鼓励科技创新和知识产权保护,促进了科技人才的培养和科技成果的转化。然而,具体的积分标准和落户条件因城市而异,专利持有者需要定期关注当地政府发布的最新通知和政策解读,以确保能够充分利用优惠政策。

通过具体的例子和政策,我们可以了解到,专利不仅是创新成果的保护伞,更是个人社会地位提升的重要工具。它为个人提供了实现梦想、获得认可和享受社会福利等多种支持。随着知识经济的发展,专利的重要性愈发凸显,这将鼓励更多人投身创新,为社会的进步贡献自己的力量。

此外,根据国家相关法律规定,拥有发明专利的罪犯在刑罚执行期间,如果能够独立完成并得到国家主管部门确认的发明创造或重大技术革新,那么将有机会获得减刑。这一规定体现了国家对创新精神的尊重和鼓励。

尽管专利可能为个人带来诸多好处,包括在特殊情况下的法律优惠,但是我们仍应坚守法律和道德的底线。每一位公民都应成为遵纪守法的模范,绝不应因追求个人利益而逾越法律的界限。让我们共同努力,以合法且合规的方式,发挥专利在推动社会进步和个人发展中的积极作用。

三、专利对企业市场竞争力的增强

随着知识经济和全球化趋势的深入发展,掌握相应领域的专利已经成为企业取得市场竞争优势的重要因素。接下来,将从多个角度探讨专利在提升企业市场竞争力中的关键作用。

(1) 专利是企业创新成果的有效保护手段。通过申请专利，企业能够获得法律认可的独占权，防止他人侵犯其知识产权，从而保障自身的利益不受侵害。这如同为企业披上了一层无形的"金钟罩"，使其在激烈的市场竞争中立于不败之地。

(2) 专利也是企业开拓新市场的利器。当企业拥有独特的专利技术时，便可利用该技术开发出具有高附加值的产品或服务，从而在新的市场领域占据领先地位。此外，拥有专利的企业通常会被认为在相关技术领域有独特的专业知识和能力，从而增加其在市场上的声誉和地位。客户和合作伙伴更倾向于与拥有专利的企业合作，从而为企业带来更多商机和市场份额。

(3) 专利还是企业品牌建设的重要组成部分。通过不断积累和维护专利资产，企业能够树立起良好的品牌形象，提高消费者对其产品和服务的信任度和忠诚度。同时，拥有专利可以提高企业在投资者和员工眼中的吸引力。投资者更愿意投资拥有技术优势的企业，员工也更愿为技术领先的企业工作，从而为企业吸引更多资金和人才资源。

综上所述，专利对企业市场竞争力的增强具有重要意义，可以有效保护企业的技术创新成果、提升企业在市场上的地位和声誉、降低市场风险、增加谈判筹码，以及吸引投资和人才。因此，企业应当重视专利保护，在技术创新的过程中注重知识产权的保护和运用，以提升自身的市场竞争力和持续发展能力。

本章集中讨论了专利布局和成果转化对企业竞争力和市场发展的重要性。通过分析不同企业的专利战略和实际转化案例，本章揭示了如何有效管理和运用专利以促进技术创新和经济增长。同时，强调了国家政策在推动专利转化中的作用，以及专利对个人职业发展和企业品牌建设的积极影响。简而言之，专利是连接创新与市场的关键桥梁，对促进社会和经济发展具有深远意义。

复习思考题

一、简答题

1. 简述专利的基本含义及其在商业活动中的作用。
2. 描述专利保护对创新成果的重要性。
3. 解释专利申请过程中的主要步骤。

4. 创业者在申请专利时需要考虑哪些关键因素？

5. 阐述专利与商业秘密保护之间的差异及其选择策略。

6. 专利侵权的常见类型及其法律后果是什么？

二、论述题

1. 分析专利在推动科技成果转化中的作用。
2. 讨论专利布局对企业长期竞争力的影响。
3. 论述专利许可与转让在商业策略中的应用及其优势。
4. 阐述专利信息分析在市场研究中的重要性。
5. 讨论专利保护与开放创新之间的关系及其对企业发展的影响。

三、案例分析题

选择一个熟悉的专利成果转化案例，并回答以下问题。

1. 请简要介绍该案例的背景和专利内容。
2. 该案例中的专利成果转化有何特点和亮点？
3. 该案例中的专利成果转化成功的原因是什么？
4. 你对该案例中的专利成果转化有何思考？

参 考 文 献

[1] 李永峥. 就业指导与创业教育[M]. 北京：清华大学出版社，2014.

[2] 孙洪义. 创新创业基础[M]. 北京：机械工业出版社，2016.

[3] 顾庆良. 企业家和创新创业精神[M]. 北京：北京大学出版社，2016.

[4] 杨仕勇. 高校辅导员论创业教育[M]. 合肥：合肥工业大学出版社，2016.

[5] 唐平，马智萍. 高职大学生创业教育研究[M]. 北京：清华大学出版社，2016.

[6] 薛艺，乔宝刚，张静. 创行：大学生创新创业实务[M]. 青岛：中国海洋大学出版社，2016.

[7] 朱恒源，余佳. 创业八讲[M]. 北京：机械工业出版社，2016.

[8] 韩国文. 创业学[M]. 2版. 武昌：武汉大学出版社，2015.

[9] 俞飞. 知识产权保护[M]. 厦门：厦门大学出版社，2007.

[10] 王胜利，刘义. 图解专利法——专利知识12讲[M]. 北京：知识产权出版社，2010.

[11] 吴观乐. 专利代理实务[M]. 北京：知识产权出版社，2015.

[12] 陈淮民，张和平. 大学生创新发明与专利申请教程[M]. 合肥：合肥工业大学出版社，2017.

[13] 国家知识产权局. 国家知识产权局专利检索及分析系统. [2025-2-24]. https://pss-system.cponline.cnipa.gov.cn/conventionalSearch.

[14] 刘春田. 知识产权法[M]. 北京：中国人民大学出版社，2000.

[15] 汤宗舜. 专利法教程[M]. 北京：法律出版社，2003.

[16] 费安玲. 知识产权法原理[M]. 北京：中国政法大学出版社，2007.

[17] 范若楠. 浙江省高校本科生专利成果转化的现状分析及对策研究：以中国计量学院为样本[J]. 经营管理者，2015(18)：266，299.

[18] 张懿，魏海峰，陈文杰. 电气类专业本科生专利意识培养及实践研究[J]. 中国教育技术装备，2014(22)：68-69.

[19] 吴红，马永新，董坤，等. 高校专利分级管理实现的障碍及对策研究[J]. 图书情报工作，2016(2)：59-63.

[20] 徐耸，吕辉. 大学生专利申请的常见问题与对策研究[J]. 赤峰学院学报(自然版)，2014(4)：141-143.

[21] 宋爽. 中国专利维持时间影响因素研究：基于专利质量的考量[J]. 图书情报工作，2013(7)：96-100.

[22] 国家知识产权局. 专利审查指南[EB/OL]. [2018-02-25]. http://www.cypatent.com/cn/sczn5-9.htm.

[23] 张梦琪，张雨诗. 浅析我国高校学生专利转化的现状与对策[J]. 法制与社会，2016(19)：239-240.

[24] 张武军，韩愉东. 创新驱动下专利运营法律问题研究[J]. 科技进步与对策，2016(24)：104-108.

[25] 罗阳君等. 在校大学生对专利申请及成果转化的实践与思考[J]. 山东化工，2017(11)：147-150.

[26] 张勇，饶盛添，刘水长，等. 地方高校大学生专利创作困难与对策研究[J]. 中国发明与专利，2016(04).

[27] 林欢敏，吴少君，赖旋斌. 大学生创新创业中的知识产权素质培养路径研究[J]. 知识文库，2019(07)：230-231.

[28] 贾引狮，梁燕. 高校大学生创新创业教育中的知识产权素质培养分析[J]. 法制与经济，2016(10)：46-47.

[29] 张米尔，国伟，曲宁. 面向专利预警的专利申请关键特征研究[J]. 科研管理，2018(01)：135-142.

[30] 裴忠贵. 基于知识产权的职业院校创新创业教育探析[J]. 创新创业理论研究与实践，2018(13)：58-59.

[31] 张峣. 大学生专利申请和转化的促进机制构建[J]. 河南科技，2020(03)：64-67.

[32] 林佳，林晓明，石光. 基于"挑战杯"竞赛培养大学生创新能力的探索[J]. 当

代教育实践与教学研究，2018(09)：186-187.

[33] 杨海亮. 应用型本科高校大学生创新能力的培养与提升研究[J]. 吉林工程技术师范学院学报，2019 35(02)：17-20.

[34] 刘彤. 基于科研项目的本科生自主创新能力培养路径研究——以贵州大学化学与化工学院为例[J]. 化工高等教育，2022(03).

[35] 吴芬. 创新教育对工科大学生专利创新能力的影响[J]. 江苏科技信息，2021(07).

[36] 任玉成，李俊峰，谷天天. 大学生创新思维能力与专利意识培养策略[J]. 黑龙江教育(高教研究与评估)，2020(10).

[37] 丁宗庆，章平平，孙勇. 新工科背景下大学生专利能力培养的研究与实践[J]. 汉江师范学院学报，2020(03).

附 录

附录 A 专利请求书样本

附录 B 一种大掺量干拌式橡胶沥青混合料投料装置

附录 C 一种非固化橡胶沥青防水涂料生产用投料装置